大都會文化

大都會文化

流行瘋07

MEN力四射

型男教戰手冊

自序

當了快十年的媒體人，一直守在健康養生、美容保養的路子上，替讀者找更多的話題，提出更實用的建議，這幾年，這些讀者～都是女人。

十年前，我們曾經想過要做一本男人的時尚保養雜誌，幾經討論，還是難產，因為那時我們看不到會讀這本雜誌的男人在哪裡。十年後的今天，走一趟全球第二大的書局，在滿滿的一面雜誌牆上，男人的臉佔據了一半的牆面。男人的服裝品味、男人的健康體態、男人的肌膚保養，都是男人雜誌的封面大標。

非常高興看到～男人，終於出頭了！

不管從前男人不注重保養自己內外的原因是什麼，也不管現在讓男人願意花時間保養自己內外的原因是什麼，總之，現在的男人很幸福，因為你懂得開始愛自己、開始保養自己。肌膚是一種很有趣的身體器官，它會反應你的喜怒哀樂，也會透露你愛護自己的程度，你對它的照顧有多少，它就會完完整整的反應出來。

正在翻看這本書的你，想必是對肌膚保養很有心得，談不上有心得的話，至少是很有興趣。恭喜你，你即將展開一場幸福至極的享受，懂得如何保養肌膚，你就更懂得體貼自己。

這本書，基本上是寫給男人看的保養工具書，而且是保養新手的男人；當然，想知道如何幫男人呵護肌膚的妳也不要闔上書，幫妳的男人先做功課，絕對是貼心的表現；

對保養已經頗有心得的男人，在這本工具書裡可以找到更上一層的型男技巧，打造更有型的男人形象。

　　既然是工具書，就不會有長篇大論的文章要你看，我所建議的保養技巧，不僅簡單易執行，還會搭配適合的保養品提供你做為採購時的參考。學習最重循序漸進，閱讀這本書同樣也有漸進式引導，這是我為你設計出來，最容易進入保養狀況的學習流程，如果可以，請一篇一篇逐次閱讀，完成之後，你會發現保養根本不是件複雜的事，它有條理、有目的，而且有方法。

首先～了解你自己的膚質，對症下藥是保養有效的基本款….PART1

接著～從姊妹們的保養品中，選擇適合你的保養產品…PART2

再來～學習你想要的保養方式，懶惰的用基礎版；勤勞的用進階版…PART3

然後～針對你個人的肌膚問題，一一做突破….PART4

最後～加上彩妝造型技巧，打造你的個人形象….PART5

　　讀完這本書，可別把它只放在腦袋裡，馬上起身，去買一瓶你最適合的保養品，今天就開始進行你的保養工作吧！

目錄

型男教戰手冊

你到底需不需要保養？

　　十年前問你這個問題，可能會被你嗤之以鼻，肌膚保養這麼"娘"的事，男子漢大丈夫哪裡做得出來。不過現在如果問你，你有保養的習慣嗎？不騙你，十個男人有七個會說有，差別只在保養的程度不同。

　　是什麼樣的原因會讓保養從一件"娘們"會做的事，變成"型男"也會做的事？你可以說這是一種市場陰謀，開發出男生專用的保養系列，怎麼可以不試試看；你也可以說是男星、男模所帶領出來的風潮，原來會注重自己外型的男人才夠men；而我比較喜歡的答案是，經過10年，男人終於也懂得"寵愛"自己了。

　　保養是一種體貼自己的行為，因為關心在乎它，所以你願意多花一個動作來照顧它。

　　男人到底需不需要保養，這個答案絕對是Yes！接下來你要做的是，找出你需要怎樣的保養。翻開下一章，開始尋找你的型男保養之道。

了解自己的膚質

保養要怎麼開始？每一位保養前輩、保養達人都會對你說一句話，先搞清楚你的肌膚類型。

確認了你的肌膚類型，就能針對肌膚特性選用保養品，即使是最基本的洗洗臉，都能幫肌膚打好底子。

PART1

POINT 本章重點

尋找你的肌膚類型

如果你是保養新手，以下兩種方式，有助你判斷自己的肌膚類型；如果你對保養已經略有心得，以下兩種方式也可以幫助你再次檢驗最近的肌膚狀況，絕對不能跳過。

MEN力四射

test 1

自我膚質測驗

以下的問題請全部作答，曾發生過的狀況請打勾，最後再從最多的勾勾個數去找答案。

A區

- 洗完臉後5分鐘後即有緊繃感
- 兩頰常出現乾燥、脫屑的現象
- 笑起來容易出現細紋、皺紋
- 肌膚沒有光澤感
- 兩頰摸起來乾燥粗糙
- 肌膚彈性不好

B區

- 毛孔粗大明顯，尤其是額頭、鼻子、下巴的T字部位
- 不管是T字部位還是臉頰，整臉總是油油的
- 肌膚黯沈無光
- 洗完臉不用一小時，肌膚就開始出油
- 很容易長粉刺、痘痘
- 不只是臉上，身體也蠻常長痘痘

C區

- T字明顯出油，兩頰明顯偏乾
- 換季時，兩頰會有乾燥緊繃的感覺
- T字部位與下巴有明顯粉刺
- 熬夜的時候會長痘痘
- 眼角及嘴角容易出現乾紋
- 很少滿臉油光，通常只出現在局部

測驗結果 >>>

A區個數最多

你偏向**乾性肌膚特質**
請前往 P.14
以徹底了解你的肌膚
特性

B區個數最多

你偏向**油性肌膚特質**
請前往 P.17
以徹底了解你的肌膚
特性

C區個數最多

你偏向**混合性肌膚特質**
請前往 P.20
以徹底了解你的肌膚
特性

test 2

與專櫃小姐做諮詢

　　讓專業的美容保養人士來幫助你判
斷，這個方法尤其建議保養新手要做。前
往百貨專櫃，向專櫃小姐提出自己的需
求，詳述你的肌膚狀況。不懂得如何說明
自己的肌膚問題，別擔心，訓練有素的專
櫃小姐會以問題來引導你，你的回答將有
助她判斷肌膚性質，進而建議你保養方式
以及保養產品。

A

乾性肌膚 保養教室

● 肌膚特性

在男生的臉上，要找到純粹的乾性肌膚類型，事實上還真不常見。

因為油脂分泌不足，水分容易散失，乾性肌膚出現的種種狀況，都與缺乏水分、油脂有關。在天氣乾冷的季節，肌膚經常會因為過於乾燥產生脫皮、起屑、紅癢現象；在濕熱的天氣又會因為水分不足，肌膚呈現粗糙、沒有光澤、緊繃缺乏彈性的狀態。

乾性肌膚的人，因為皮脂水分分泌不足，容易產生乾紋、細紋、斑點等現象，如果再加上保養不當，或是生活作息不良、陽光紫外線的照射，肌膚老化現象更容易提前發生，愛美的男性不能不防。

● 保養重點

缺什麼補什麼，多什麼減什麼，就是肌膚保養的一個大方向。

乾性肌膚的保養重點，就在提供肌膚角質層足夠的水分，當角質層的水分含量維持在15%-20%的比例，肌膚就能維持在濕度良好的理想狀態。除了補充水分，乾性肌膚的人還需要適當補充油脂。因為有了水分還不夠，肌膚表面還需要一層鎖水膜把水分緊緊留住，這也是我們常說的，只有當肌膚處在"油水平衡"的狀態，肌膚狀況才能維持在最良好的狀態。

● 必備法寶 > 保濕面膜

當肌膚乾燥到了極點，你需要馬上補水的緊急保養，面膜就是你的秘密武器。選擇含有高保濕成分的面膜，連續敷個2-3天，肌膚狀況馬上能夠做最好的調整。平常的時候，面膜也可以當成是加強保養的重點，一個禮拜1-2次，讓肌膚隨時保持在最完美的狀況。

乾性肌保養步驟

1 使用滋潤性高的洗
面乳，清潔肌膚

2 使用溫和去角質
霜，輕輕按摩後
洗淨，一個禮拜
1-2次

3 拍上滋潤型化妝水

4 敷上保濕面膜，
一個禮拜1-2次

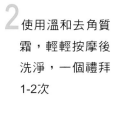

5 均勻塗抹保濕精
華液

6 適量塗抹保濕性
強的乳液

膚質測驗

15

產品選擇重點

滋潤保濕

把握住四個字～滋潤保濕，你的保養方向就不會有太大的失誤。

- 具滋潤效果的洗面乳
- 良好保濕效果的乳液
- 保濕精華液
- 保濕性面膜
- 溫和去角質

ORIGINS 一飲而盡保溼面膜
/100ml/NT$800

含有複方植物精油，除了能在短時間內紓緩乾燥緊繃的肌膚，並且具有鎮靜作用，緩和不安的情緒。

THE BODY SHOP
蜜糖燕麥3效面膜
/100ml/NT$680

含天然有機蜂蜜精華、燕麥萃取及高嶺土等成分，可徹底清潔毛孔，滋潤肌膚，特別適合中乾、粗糙和疲累無光的肌膚。

SHISEIDO 男人極致保溼露
/150ml/NT$900

吸收迅速，使肌膚滑溜、舒適。能幫助水分避免流失，並且在刮鬍後可消除紅熱與不適現象。

BIOTHERM
男仕活泉多水保溼凝膠
/75ml/NT$1350

獨創的3D立體水網膜，可持續不斷補充肌膚水分、預防水分的快速流失，持續肌膚一整天的舒適。

油性肌膚 保養教室

● 肌膚特性

在你測驗出自己肌膚類型的同時，有另外七成的男生也跟你一樣走到了油性肌膚的保養教室。

男生通常與油性肌膚掛上等號，這類型膚質的特性與乾性肌剛好完全相反，因為皮脂分泌旺盛，尤其是皮脂腺豐富的T字部位，如鼻樑、兩側鼻翼、額頭、下巴部位，出油量更是驚人。男生的臉上最常見的油光滿面、肌膚紋理變粗、毛孔粗大、黑頭粉刺、痘痘等現象，都是伴隨著油性肌膚的特性所帶來的困擾。

油性肌膚的保養不得當，或是飲食上有偏差、作息不正常，很容易導致問題的惡化。同樣是油性肌膚，男生的問題通常會比女生來得誇張，除了因為荷爾蒙的影響，男生的皮脂分泌天生就比女生活躍之外，對生活保養上的小細節不注重，也是讓肌膚問題雪上加霜的原因。

● 保養重點

要解決油性肌膚的問題，保養工作首重清潔，清爽不含油脂的洗面乳、去角質霜，可以徹底清潔毛孔裡的皮脂髒污。不過你可別誤以為洗臉次數越多越乾淨，過度使用磨砂膏或是過熱的水洗臉，肌膚的表面角質反而被破壞。除了清潔，可以控制油脂分泌、收斂毛孔、防曬的保養也很重要，卸妝清潔、去角質、平衡收斂、保濕補水，可說是油性肌膚必做的四大保養功課。

17

● 必備法寶 > 控油產品

油性肌膚最重要的保養目的就是控制油脂分泌。基本上身處亞熱帶氣候的我們，不管男女比例多半偏向油性膚質，因此為油性肌膚研發的產品也不少，除痘凝膠、抗痘棒、深層潔淨面膜等，都可以有效幫你控制油脂分泌，改善出油長痘現象，每一個都不能錯過喔！

油性肌保養步驟

1 使用清爽型洗面乳，清潔臉龐

2 用去角質霜，輕輕按摩後洗淨，一個禮拜2-3次

3 拍上輕爽型化妝水

4 敷上控油面膜，一個禮拜1-2次

5 均勻塗抹控油保濕精華液

6 輕爽型乳液適當使用

產品選擇重點

清爽
控油
深層潔淨

看到清爽、控油、深層潔淨這幾個字眼，馬上眼睛一亮再看仔細一點，它可能就是你的保養夢幻逸品。

具清爽潔淨效果的洗面乳

收斂清潔化妝水

溫和去角質霜

輕爽型乳液

控油保濕產品

雅漾清爽K痘調理乳
/40ml/NT$670

可調整異常角化現象、迅速調節油脂分泌、抑制細菌增生、舒緩發炎現象、有效解決粉刺及面皰惱人問題。

SHISEIDO
男人極致控油凝膠
/30ml/NT$1000

含芍藥、踊子草精華，有效抑制皮脂出油及粗大毛孔狀況，創造肌膚平滑觸感，擁有一整天的持久清爽。

ORIGINS
洗從天降洗顏泥
/150ml/NT$680

適合油性膚質，能深層清潔毛孔髒污，吸除多餘的油脂，洗後感覺清爽、潔淨，不再泛油光。

DHC 純欖蘆薈皂/60g/NT$299

含優質橄欖油與具有舒緩作用的蘆薈精華，能清潔多餘油脂、汙垢，幫助角質正常代謝，預防面皰現象，使肌膚呈現潔淨、光滑的膚況。

C 混合性肌膚 保養教室

● 肌膚特性

在一張臉上，同時出現油性以及乾性肌膚的狀況，就是混合肌的特色。

怎麼混合法呢？在T字部位如額頭、鼻樑、鼻翼兩側、下巴部位的毛孔明顯粗大，皮脂分泌旺盛，通常容易泛油光，也是最常長痘痘粉刺的部位；不過臉上其它地方，尤其是兩側臉頰，以及嘴角、眼周小地方等，卻常常因為水分不足，發生乾燥粗糙的現象。不過對男生來說，與其說混合性肌膚，倒不如用"並不會全臉油光滿面"或是"兩頰摸起來比較粗糙乾燥"來形容，可能更容易體會。

● 保養重點

對混合性膚質的人來說，最完美的保養應該是分區進行。針對不同的部位所發生的不同狀況，給予不同的保養措施。這個要求對於男生來說，可能有違所謂"簡單、迅速、機能"的保養原則，因此最好的方法是，採用兩者兼顧的方式，基礎保養以控油清爽為目標，特殊保養則以保濕潤澤做加強，加上良好的飲食作息，肌膚就能維持在最優的狀況。

● 必備法寶 > 去角質產品

不管任何肌膚類型，都需要去角質。藉助物理性的顆粒按摩去除老廢角質，讓你的保養效果可以更有效率，肌膚看起來也會光采有活力，而且摸起來清爽潔淨，每個男生應該都會喜歡這種質感。一個禮拜1-2次，千萬別因為可以乾乾淨淨而過度使用。

混合肌保養步驟

1 使用清爽性的洗面乳，清潔肌膚

4 敷上保濕面膜，一個禮拜1-2次

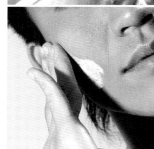

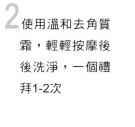

5 T字部位適時做深層清潔保養

2 使用溫和去角質霜，輕輕按摩後後洗淨，一個禮拜1-2次

3 拍上清爽型化妝水

6 適量塗抹輕爽型乳液

產品選擇重點
清爽控油
保濕潤澤

清爽控油為主，保濕潤澤為副，就以這個目標來選擇保養產品吧！

| 清爽型 洗面乳 | 清爽型 化妝水 | 保濕 精華液 | 清爽型 乳液 | 溫和 去角質霜 |

巴黎萊雅MEN EXPERT
純淨控油保濕凝膠
/50ml/NT$360

質地不油、不黏膩，含有控油複合物，有效吸收多餘油脂、對抗油光，還可舒緩及保濕24小時。

BIOTHERM
礦泉去油保濕露
/50ml/NT$1250

於早晚清潔或刮鬍後使用於全臉肌膚，能調節過多的油脂分泌，並為肌膚適度保濕，獨特的抗氧化成分，保護肌膚不受外在侵害。

Kiehl's極限男性
燕麥去角質潔膚皂
/200g/NT$550

含有可去除老廢角質的燕麥麩、燕麥粉，以及清新提振的橙油、檸檬油，在徹底潔淨肌膚之後，提供保濕和舒暢的效果。

ORIGINS奇蹟面膜
/100ml/NT$800

硫磺、樟樹精華、水楊酸能修護細胞、收縮毛孔、促進新陳代謝，幫你修護活化肌膚。

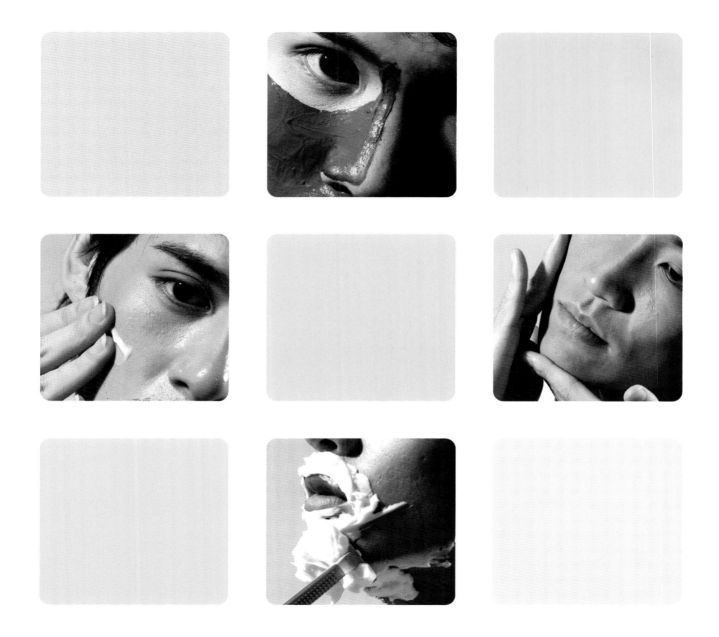

PART2

男女通用的保養產品

姊妹的保養品，你也可以用嗎？

　　這個問題，問10個專家有9個會回答你"不建議"，其中1個可能直接回絕說"不可以"。這是因為男生的肌膚角質層、皮層較厚，毛髮量多，皮膚出油量也比女性多，如果使用針對女性膚質設計的保養品，效果當然不能百分百發揮，這就是為什麼在男性越來越注重面子問題之後，開始有男性專用的保養品出現在市場上，原因只有一個～用對人、用對方法，才能見效。

　　不過標準真的這麼嚴格嗎？這也不一定，懂得挑選及使用，有些保養品還是可以男女共用，一切就看你的保養功夫有多高段囉！

POINT 本章重點

· **男女通用的十大保養品**

卸妝乳

洗面乳

化妝水

乳液

乳霜

精華液

面膜

去角質

隔離霜

眼霜唇霜

卸妝乳

肌膚清潔的第一線

保養效果

卸妝乳、卸妝液顧名思義，就是用來卸除臉部彩妝，是清潔保養的步驟之一。這類產品通常會因使用起來的觸感、清爽度不同，分為乳狀或是液狀兩種，為了方便忙碌的現代人，甚至有卸妝棉片的發明，將卸妝液與棉片紙巾合而為一，使用時就不用多一個步驟。

卸妝產品除了質地不同，不同的部位，也有不同的卸妝產品，眼唇因為肌膚敏感細緻，通常會有自己專用的卸妝品。你可以根據自己的彩妝行為來選購卸妝產品。

使用時機

卸妝多半在洗臉前進行，先卸除臉部的殘妝污垢，再開始進行洗臉清潔。現在市面上也有卸妝、洗臉二合一的清潔產品，在使用上更方便。

你需要嗎？

一般來說，男生通常沒有上妝的習慣，沒有上妝，當然就不需要使用卸妝產品。不過你可能有聽過一種說法，不管有沒有上妝，都需要使用卸妝品，因為對經常在外東奔西跑的男生來說，一整天下來，臉上就像上了一層灰塵妝。

對希望保養程序可以越簡單越方便的男生來說，與其要你使用卸妝品，倒不如建議你用洗面乳洗兩次臉，好好的將灰塵髒污洗乾淨，有沒有卸妝效果都一樣好。

THE BODY SHOP
茶樹精油清爽調理水
/250ml/NT$480

含茶樹精油、金縷梅萃取液、
尿囊素,可再次清潔並緊緻粗
大毛孔,加強後續保養品吸
收。

AVEDA潔膚凝膠
/150ml/NT$980

適合各種膚質。能有效清
潔臉部的污物、彩妝及堆
積的角質層,溫和洗淨肌
膚,讓肌膚有清新、滋潤
的感覺。

雅漾清爽潔膚凝膠
/200ml/NT$760

PH7.2不含皂性,溫和深
層清潔臉部不潔物,洗後
保溼不緊繃,並具有抑菌
作用,還可減低面皰發炎
問題。

洗面乳

潔淨肌膚必備品

● 保養效果

很多人會洗臉，可是卻很少人能夠真正把臉洗乾淨，差別就在有沒有選擇到適合自己使用的洗面乳。累積了一整天的皮脂髒污，光靠清水並不能達到完全的清潔效果，使用泡沫細緻的洗面乳做好清潔工作，才能徹底去除臉上髒污。

基本上來說，洗臉用產品通常有乳狀、凝膠狀、皂狀的選擇，雖然都具有清潔作用，不過質地不同，使用起來的質感也不盡相同。乳狀洗面劑可以給你多一點滋潤的觸感，凝膠狀洗面劑洗後則有清爽感，肥皂狀的洗面劑則有潔淨光滑的質感，喜歡哪一種，讓你的膚質來說話吧！

使用時機

如果你有卸妝需求，洗臉步驟當然跟在卸妝之後。如果不需要卸妝，那麼建議在洗澡前就將臉洗乾淨，避免當熱蒸氣讓臉部毛孔全開的時候，你還讓一天的髒污留在臉上。

你需要嗎

如果沒有特殊狀況發生，早晚各一次的清潔工作就已足夠。不過如果你是整天在外迎著風沙向前走的人，或是極度容易出油、出汗的人，那麼建議你可以一天洗三次臉，注意～洗臉次數可不是越多越乾淨，小心把皮脂的自然保護都洗掉了。

ORIGINS
涼啊涼洗面凝膠
/200ml/NT$680

天然椰子油、橄欖油
成分能夠徹底清除毛
孔中的污垢與油脂，
使肌膚暢通有活力。
而清涼的植物配方，
洗後完全不會緊繃，
早晚皆可使用。

THE BODY SHOP
茶樹潔面慕斯
/150ml/NT$480

含純天然茶樹精油及薄
荷精油等成分，可振奮
肌膚細胞，使肌膚清爽
保溼、光澤明亮，尤其
適合問題性肌膚使用。

雅漾淨膚乳
/125ml/NT$810

油性與混合性肌膚適
用。具有軟化角質、
調整油脂分泌的功
效，經常使用還可減
少粉刺形成。

去角質

深層去除頑強髒污

● 保養效果

為什麼我們需要去角質這個動作，原因就是現在人的生活作息、飲食起居都太不正常，所以不得不藉由去角質的動作來維持肌膚的新陳代謝。原來肌膚在正常的狀況下，每28天會進行一次新陳代謝作用，這個動作會讓堆積在皮膚最外層的老化角質層剝落，新生的角質就能推擠上來。不過因為種種原因造成你的代謝不正常，老化角質不能正常剝落，導致肌膚的角質紋理紊亂，不僅看起來花花的，沒有光澤，連保養品的吸收效果也大打折扣。

這就是為什麼我們要定期去角質的原因，除了可以彌補代謝的不足，也可以加強保養品的吸收效果。

使用時機

去角質產品可不能天天使用，使用過度不僅傷了肌膚，連正常角質層也會受損。洗臉過後就能進行去角質，市面上也有清潔洗臉兼去角質功能的產品，不過因為是天天使用，所以去角質的作用溫和，不想做兩次工的人，選擇這種二合一的產品也可以。

你需要嗎？

基本上會建議一週使用2-3次，如果你的作息正常，肌膚狀況也良好，那麼一個禮拜去角質一次也可以。臉部使用的去角質產品比起身體用的顆粒要細緻得多，如果你的肌膚比較敏感，在選擇產品以及清潔的力道上，都要有所控制。

娜楚磨砂礦泥洗面乳
/130g/NT$130

含天然礦泥洗淨成分與磨砂
粒子,能將毛孔深處的污垢
和油脂緊密吸附,徹底洗
淨,令肌膚爽快舒暢。

雅漾舒活去角質凝膠
/50ml/NT$780

低含量的去皮浮粒及水楊
酸鹽,能不傷害肌膚的除
去老廢角質,即使是弱敏
性肌膚也很適合使用。

ORIGINS
執米不悔天然微晶煥膚霜
/125ml/NT$1500

萃取自穀粒的天然去角質霜,
取代工業用角度銳利的氫氧化
鋁或鑽石微晶,能溫和的除去
老化角質,使膚色更加勻緻。

化妝水

調理膚質的好幫手

● 保養效果

很多人會質疑化妝水這個保養步驟的需求性，事實上，為了肌膚的保養效果好，建議你還是不要錯過化妝水。化妝水通常具有再次清潔的作用，並且可以搶先一步調理皮脂的分泌，並維持肌膚的柔軟保濕觸感。

現在的保養科技精進，化妝水的作用也不單只是二次清潔、平衡膚質，許多保濕、去角質、緊緻毛孔的效用紛紛加持，化妝水的機能性也越來越有看頭囉！

使用時機

洗完臉之後，趁著肌膚還留有水感，立即補充化妝水。你可以使用化妝棉沾取，也可以雙手輕拍直到化妝水吸收，順便幫肌膚做個舒醒按摩。

你需要嗎？

如果你的肌膚狀況佳，清潔動作也做得好，保養程序也是立即接著清潔之後立刻進行，加上真的很懶，那麼～化妝水這個保養步驟，省掉也沒有大礙。

ORIGINS
白毫銀針防護淨膚水
/150ml/NT$850

擁有抗氧化防護及平衡
皮脂分泌兩大機能的化
妝水。質感清爽,適合
混合性、偏油性肌膚早
晚使用,完全不含酒
精。

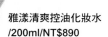

雅漾清爽控油化妝水
/200ml/NT$890

粉狀態可吸收多餘油脂
並收斂毛孔,同時去除
皮膚上的雜質、壞死細
胞並調理油質分泌。

ORIGINS
兩全其美平衡露
/150ml/NT$680
褐藻精華能平衡臉部
T字帶的油脂分泌;
大豆蛋白具有柔軟、
保溼的效果,可預防
兩頰乾燥。

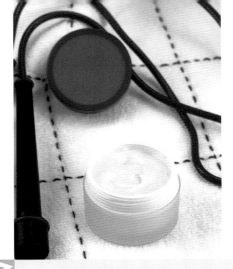

眼霜唇霜

不可忽略的重點修護

● 保養效果

　　眼周、唇部，可說是肌膚保養最常見的重點修護，因為眼睛周圍以及唇部肌膚比臉部肌膚更細緻薄弱，所以保養方式通常會特別提出來執行，甚至連保養品也有眼唇專屬，與臉部保養做區別。

　　針對眼周的保養，不外乎是以預防、改善黑眼圈、浮腫眼袋、細紋為出發點，讓眼部的問題獲得直接的解決。而唇部的問題多半隨著乾燥衍生出來，唇紋、唇部脫皮乾裂等，多是因為保濕滋潤做得不夠的關係，因此護唇膏、護唇霜的需求也更加重要。

使用時機

　　眼霜早晚使用，在化妝水之後就先做重點修護，再進行基礎的保養。而護唇膏則希望你隨身攜帶，只要有需求，馬上補充，要是唇裂、唇紋的現象已經出現，晚上睡前就是加強修護的好時機。

你需要嗎 ?

　　就眼部的保養來說，基本上生活作息良好、加上保養得當，年紀輕輕基本上應該不需要特別修護，只要維持即可。而唇部的保養，不管你是妙齡還是熟齡，都希望你能從現在就開始，早一步進行唇部保養，就能比別人多美一步。

BIOTHERM
有氧O2淨化眼部潤澤露
/15ml/NT$1250

銀杏及咖啡因可幫助微細循環，消除眼部浮腫、眼袋、黑眼圈，再加上活性攜氧因子，可增加肌膚含氧量，使膚色明亮。

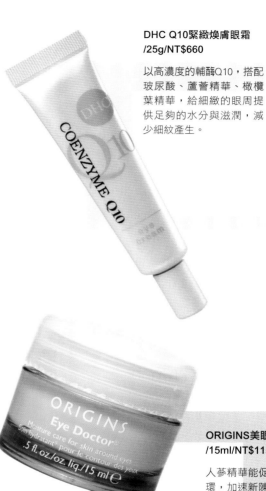

DHC Q10緊緻煥膚眼霜
/25g/NT$660

以高濃度的輔酶Q10，搭配玻尿酸、蘆薈精華、橄欖葉精華，給細緻的眼周提供足夠的水分與滋潤，減少細紋產生。

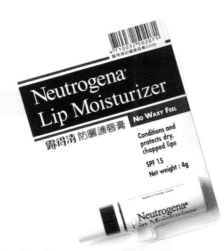

露得清防曬護脣膏
4g/NT$119

具有防曬配方，可有效隔離紫外線，預防陽光所造成的脣部曬傷，特別適合戶外運動時使用。

ORIGINS美眼霜
/15ml/NT$1150

人蔘精華能促進血液循環，加速新陳代謝，減少眼袋及黑眼圈的產生，而維他命E、綠茶萃取精華則能預防老化，讓眼睛看來更明亮有神。

集中火力加強修護

● 保養效果

精華液，聽名字就知道了，這可是一瓶萃取成分精華，使用後肌膚就好像吸取保養精華之大全似的保養品。沒錯！精華液在你的保養程序中，就是扮演了可以提供加強修護、集中火力解決肌膚狀況的角色。

肌膚會出現各種不同的狀況，所以精華液也有各種不同需求，美白的、保濕的、抗皺的…，可以幫助你有效解決肌膚問題，同時提供良好的維持效果。除了以最常見的瓶罐包裝出現，為了保存成分的新鮮，也有許多以安瓶、小管狀等形式出現的精華液，提供更密集的修護，快速改善肌膚狀況。

使用時機

精華液通常在臉部清潔完、化妝水之後使用，讓肌膚密集的吸收精華液的成分作用之後，再進行你的基礎保養，如乳液、隔離霜……。

你需要嗎 ?

就如同精華液的名字一樣，如果你的肌膚狀況良好，或許就不需要吸取保養成分的精華；不過如果肌膚出現狀況，建議可以在你的基礎保養步驟裡，加上精華液的使用，讓精華液也變成基礎保養的一部份，提供最完美的修護。

AVEDA礦植修護精華露
/30ml/NT$1700

抗氧化維他命C、E及茄紅素等綜
合配方，保護肌膚不受自由基破
壞，再加上天然電氣石的礦物成
分，可以強化產品效益。

雅漾水油平衡精華露
/50ml/NT$1080

吸脂微粒能吸收多餘油
脂，保持水油平衡，使
肌膚不泛油光，並具有
抗發炎、抗刺激效果，
使肌膚光滑健康。

ORIGINS Dr.WEIL
青春無敵精華液
/30ml/NT$2300

採用複方植物精油芳
療，除了能促進血液循
環，還有清新提振、調
理膚質的作用。

 乳 液

滋潤肌膚基本款

● 保養效果

乳液的作用是提供肌膚最基礎的滋潤保護，當肌膚的油水平衡，膚質就能保持在最完美的狀態。就使用後的觸感來説，乳液可以分為清爽型及滋潤型，你可以依肌膚的性質來選擇，在清潔工作之後，提供肌膚最基本的滋潤作用。

乳液雖然屬於保養的基本款，不過它的效果可越來越多樣。美白的、保濕的、抗皺的，各種不同訴求的成分添加在乳液裡，讓你可以一邊做基礎保養，一邊就開始進行肌膚的美容。

使用時機

乳液的使用是在做好清潔工作，拍上化妝水之後，基本上早晚各進行一次，你可以根據肌膚的需求，選擇不同美容訴求的乳液來進行基礎保養。

你需要嗎？

既然名為基礎，就是一定需要。不過很多男生拒絕乳液的理由，是因為在臉上塗塗抹抹之後，會有黏膩不透氣的不舒爽感覺。會有這樣的結果，絕對不是乳液的錯，而是你選錯產品。回到Part1的章節裡，再重新確認自己的膚質以及適合使用的保養品屬性吧！

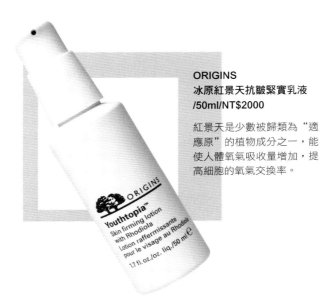

ORIGINS
冰原紅景天抗皺緊實乳液
/50ml/NT$2000

紅景天是少數被歸類為"適
應原"的植物成分之一，能
使人體氧氣吸收量增加，提
高細胞的氧氣交換率。

雅漾柔白煥膚乳
/30ml/NT$1670

專為油性肌膚開發的乳
液，經輕微按摩滲入肌膚
後，即轉化為活性維他命
A的形式，喚醒細胞再
生，還能撫平細紋。

AVEDA
去油脂平衡露
/150ml/NT$1000

清爽不油膩的植物配
方，能抑制多餘油脂的
分泌，使肌膚保持清
新、舒爽，非常適合油
脂分泌旺盛的男性。

滋養效果一級棒

● 保養效果

在保養品當中,霜狀質地的產品使用起來最滋養,潤澤養護的效果也最優。特別的是,乳霜的型態非常適合添加機能保養成分,因此除了提供滋養效果,乳霜通常也身負有抗皺、防老、除斑、美白等多重保養功效。如果你是熟齡肌膚,或者想要達到更進一步的保養效果,不妨在你的保養處方裡多加一項乳霜步驟。

使用時機

使用保養品的前後順序,有一個巧妙的辨識方法,就是質地越輕盈的,放在越前面使用。根據這個原則,如果你沒有使用乳液的習慣,那麼乳霜就在化妝水之後使用;如果有使用乳液的習慣,那麼乳霜就擺在乳液之後。

你需要嗎 ?

你需要使用乳霜嗎?首先先認識自己的肌膚狀況,是健康的、還是需要特別修護的。市面上的乳霜產品通常具有機能性的保養效果,如果你的膚況沒有大問題,那這個步驟可以省起來,不過如果你希望膚況好上加好,或者是可以解決肌膚的各種問題,那麼就張大眼,選一款符合需求的乳霜來試試吧!

ORIGINS Dr.WEIL
青春無敵乳霜
/50ml/NT$2700

萃取自蕈類複合物，健全
肌膚功能，除了增加肌膚
光彩外，還能幫助肌膚舒
緩鎮靜因外在刺激所引起
的發炎、紅腫現象。

雅漾潔潤蛋白保溼霜
/40ml/NT$1220

高活泉無油脂配方清爽舒
適，同時滿足保溼及滋潤
的雙重需求，使油性肌膚
迅速充滿飽水感。

ORIGINS
高效多重礦物夜間修護霜
/50ml/NT$1350

含有70種礦物微量元素，
促進細胞更新修護，提升
肌膚活力能量，重現膚質
的緊實與彈性。

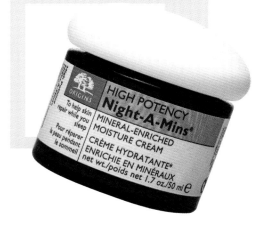

隔離霜

提供肌膚第一線的防護

● 保養效果

隔離霜，顧名思義一定是要幫肌膚隔離掉一些什麼，這些就是陽光紫外線、污染的空氣髒污等，可能會傷害肌膚，造成提早老化現象出現的東西。隔離霜可以有效隔離肌膚與環境的距離，通常這類產品都會有SPF防曬係數的保護作用，在隔絕之外，再加強防曬的效果。

有彩妝習慣的人，更不能少掉隔離步驟，這是肌膚最外層的保護，有效阻隔外在環境與肌膚的直接接觸。

使用時機

在所有保養都完成之後，就是隔離霜登場的時候，當然它的登場順序還得排在粉底液之前，所有彩妝品都得透過它才能更有效附著在肌膚上喔！

你需要嗎？

基本上建議每個人能在保養的最後一個步驟使用，尤其是有上妝習慣的人。不過如果你壓根不想在臉上塗塗抹抹，能上乳液就已經是最大的讓步，那麼強烈希望你那瓶乳液，要選擇有防曬效果的機能，幫肌膚做最底線的保護。

ORIGINS
白毫銀針防護菁露
/30ml/NT$1500

白毫銀針萃取精華配
合維他命C，E，中和
自由基，達到全面抗
氧化的效果，對於光
照射引起的蛋白質氧
化、DNA損傷及晒紅
現象也具緩和效果。

ORIGINS
零出油清爽液
/18ml/NT$420

天然的矽酸鹽吸
收多餘皮脂，並
調節皮脂分泌，
維持粉嫩質感，
中國樟腦則能鎮
靜舒緩。

AVEDA
潤澤護膚凝乳
/150ml/NT$1380

具有滋潤肌膚的荷荷
芭及椰子，提供肌膚
有效的保護，以對抗
環境所造成的乾燥刺
激，柔軟潤澤肌膚。

緊急美容必備品

● 保養效果

　　就算是男生，也一定對面膜不陌生，因為眾多女星在電視媒體、報章雜誌上宣揚，肌膚太糟糕～敷面膜、明天有重要PARTY～敷面膜、等等要約會～敷面膜…。面膜好像無所不能，事實上，因為面膜集中了保養成分的精華，再加上敷臉的型式可以加強成分的吸收，面膜的確是肌膚的急救保養品，絕對值得你將它列為保養清單裡。

　　面膜的型式多多，一般常見的有不織布的紙狀型式，也有乳狀、膠狀的型式；使用方式有免沖洗的，需要沖水洗淨的、也有撕除式的；功效當然更多，美白的、保濕的、明亮的、深層清潔的…，需要哪一種，適合哪一種，你可以自己TRY TRY看再做決定。

使用時機

　　當肌膚出現緊急狀況時，在清潔之後就可以馬上敷上面膜，一般來說需要15-20分鐘的時間，這個時候小憩一下，敷完臉後肌膚會更加明亮光澤。

你需要嗎？

　　如果你不能早睡早起、不能煙酒不沾、不能均衡飲食、不能適度放鬆壓力，那麼建議你最好準備一款面膜在身邊，以備肌膚出現狀況時可以緊急解除。你需要哪一種面膜，首先先選需求，看看你的肌膚需要補充哪方面的保養，接著決定面膜的型式，一款適合你的面膜就出現囉！

AVEDA深層清潔面膜
/125g/NT$1080

海泥、礦物質及草本精
華，能徹底清除污物與
過多的油脂，並且有效
收縮粗大毛孔。

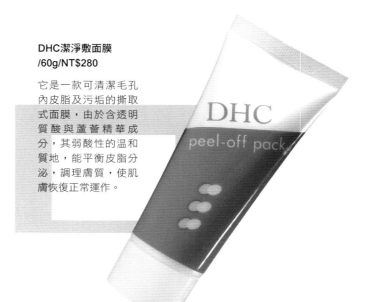

DHC潔淨敷面膜
/60g/NT$280

它是一款可清潔毛孔
內皮脂及污垢的撕取
式面膜，由於含透明
質酸與蘆薈精華成
分，其弱酸性的溫和
質地，能平衡皮脂分
泌，調理膚質，使肌
膚恢復正常運作。

THE BODY SHOP
月見草彈力緊緻面膜
/100ml/NT$680

富含月見草精華萃取油，可
加強肌膚保溼、緊實度，及
預防肌膚老化，使用後膚質
白皙柔嫩、光滑有彈力。

保養處方單

45

PART3

男人必學的保養課程

　　不管是從前還是現在，男人對於保養的要求，通常只有三句話，簡單、有效、多功能。也就是能夠以最簡單、不繁瑣的保養步驟，來達到最佳的保養效果，最好還能夠是用一瓶就能解決肌膚許多問題的保養品，就是他們夢寐以求的保養術。

　　針對男人的保養願望，我們為你設計出兩大組保養方式，一種是每個男人都應該做的基礎版，不管你是保養新手或老手，不管你重不重視自己的面子問題，都應該照章使用；另一種是保養進階版，想進一步體驗保養好處的男人、想精益求精讓臉龐完美無瑕的男人，請絕不能錯過型男的保養單。

POINT 本章重點

清潔

去除皮脂污垢，臉龐清爽潔淨

保養效果好不好，就看清潔工作做得好不好，這句保養守則，不管男生女生都適用。

根據統計，十個男生裡面，就有七個男生是屬於油光滿面的油性肌膚，控制分泌旺盛的皮脂，清除累積在皮膚毛孔上的油垢，就是你首先要培養的保養習慣。清潔工作對男生來說尤其重要，因為男生肌膚的出油量是女生的1.5-3倍，油脂加上空氣裡的髒污，如果不能即刻清除，阻塞在毛孔裡，就成了粉刺、痘痘、毛孔粗大經常找上門的類型。

● 方法

洗臉可不是清水潑潑，泡沫搓搓就好，臉要真正的洗乾淨，不僅要選對產品，方法也要講究。很多男生搞不懂為什麼自己洗面乳也買了、早晚臉也洗了，怎麼還是滿臉痘痘油光，請接著往下看，你可能漏做了以下很多洗臉步驟。

清潔步驟

1 用溫水，或是冷水
將臉打濕

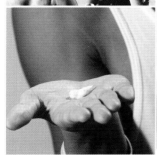

2 擠約1塊錢硬幣
大小的洗面乳在
手心，搓揉起泡

3 利用細緻的泡沫在
臉上按摩，特別加
強鼻翼兩側、額
頭、下巴的清洗

4 使用流動的水將
臉上的泡沫給沖
洗乾淨

5 如果臉部特別油
膩，或是吹了整
天風沙，再重覆
清洗一次臉龐

男人的清潔產品

Kiehl's
極限男性活膚潔面露
/250ml/NT$800

除了徹底清潔肌膚，
還能幫助肌膚抵抗環
境壓力引起的暗沉、
疲憊倦容，並減少刮
鬍後的刺激。

SHISEIDO
男人極致洗面乳
/125ml/NT$700

含苦茶萃取精華
和L-丙胺酸，能
去除污垢及過多
皮脂，豐富的乳
霜泡沫，還可當
刮鬍泡使用。

GATSBY
淨酷洗顏慕斯
/130ml/NT$150

含海藻萃取成分，
能徹底洗淨毛孔污
垢，亦可當刮鬍泡
使用，洗臉刮鬍快
速有效率。

Uno男性洗面沐浴乳
/165ml/NT$165

可同時使用在洗臉和沐
浴的無油清潔乳，具有
吸附油脂粉末配方，可
深層潔淨毛囊內的油脂
和污垢，洗後身體清爽
光滑不黏膩。

巴黎萊雅
MEN EXPERT
深層潔淨凝膠
/100ml/NT$149

富含活性防禦系統
的薄荷醇凝膠，帶
給肌膚清涼的享
受，幫助肌膚徹底
潔淨不緊繃。

MAN-Q
控油抗痘潔顏慕斯
/175ml/NT$320

含殺菌、複合草本精
華等溫和潔淨不刺激
配方，清掃粉刺細
菌，減少黑頭粉刺及
毛孔阻塞，收斂肌膚
毛孔，平衡油脂分
泌，強化清潔、控
油、收斂、抗痘一次
完成。

基礎保養②

去角質

去除老廢角質，改善暗沉膚色、讓肌膚更清新有活力

很多男生喜歡用含有顆粒的磨砂膏洗臉，很有力道的讓粗粗的顆粒在臉上磨擦，很多人甚至以為揉搓的越用力，臉就洗得越乾淨。

事實上，適度使用含有顆粒的磨砂膏幫臉部去角質，有助去除堆積的老廢角質，不僅可以改善臉部出油、暗沉、粗糙狀況，也可以幫助後續保養品的吸收。不過過度的按摩以及過猛的力道，就算男生的臉皮厚度比女生厚上16%-24%，還是要小心臉皮會變得敏感容易受傷。

● 方法

你可以在清潔完臉部肌膚之後，每個禮拜2-3次使用含有顆粒的去角質產品深層清潔；也可以選用去角質與清潔效果二合一的產品，每天一邊洗臉，一邊去角質。不過比較一下這兩種產品的質地，你會發現適合每天使用的去角質霜，顆粒會比2-3天使用一次的去角質產品來的細緻。這個發現告訴我們，即使男生的臉皮厚，過度的清潔還是會出狀況。

去角質步驟

1 將洗面乳搓揉起泡
把臉洗乾淨,再使
用溫水或冷水將臉
洗乾淨

2 取約5塊錢硬幣
大小的去角質
霜,在掌心搓揉
起泡

3 以向上向外的動作
按摩肌膚,避開眼
睛部位

4 使用流動的清水
將臉洗淨

男人的去角質產品

Kiehl's
極限男性活膚去角質潔面霜
/100ml/NT$750

混合兩種去角質顆粒可有效
去除老廢角質，同時提供刮
鬍前的準備，幫助軟化粗硬
毛髮刮鬍更徹底，肌膚清新
有活力。

MAN-Q 抗痘修護潔顏凝膠
/110ml/NT$250

能深層洗淨毛孔皮脂污垢，溫和軟化
去除多餘角質，促進代謝正常，可減
緩粉刺、面皰及青春痘肌膚困擾。

Uno清爽洗面乳
/120g/NT$130

天然植物基礎配
方，含不黏膩油
分，並有大、小兩
種球狀顆粒，能洗
去皮膚表層多餘的
油脂及老舊的角
質。

Uno炭洗顏
/130g/NT$140

藥用碳能有效吸附
毛孔中多餘的皮膚
油脂及污垢，能去
除老舊角質，讓臉
頰清爽光滑。

SHISEIDO
男人極致深層去角質霜
/125ml/NT$750

具有三重深層清潔作
用，可去除黑頭粉刺、
粗糙及暗沉表皮細胞，
使用時潔淨舒爽。

屈臣氏男士深層潔面磨砂膏
/100ml/NT$99

蘊含磨沙粒子可有效去除過
剩皮脂，而豐富的維他命E、
C和葡萄籽精華，能抵禦潛在
於環境四周的游離基對肌膚
的侵害，迅速滋潤肌膚。

化妝水

提供基層保濕，調節毛孔粗大現象，改善肌膚功能

化妝水？不化妝的男人幹麻用化妝水？可別被中文譯名給嚇到不敢用，其實化妝水的英文名是TONER，適當使用TONER可以幫助肌膚許多功能的改善，基本上來說，化妝水可以分成柔軟角質用，它可以加強保養品的吸收；抑制皮脂分泌用，它可以幫助改善毛孔粗大的問題；肌膚保濕用，它提供了最基本的保濕作用；以及深層清潔用。

非常建議男人選擇一瓶適合的化妝水天天使用，它使用後的觸感好，又能提供最基本的保養需求，錯過可惜。

● 方法

如果你還記得保養品使用的大原則，你就不會搞錯化妝水該加入保養程序的時機。在清潔洗臉之後的第一個步驟，就是化妝水。

爽膚步驟

1 將洗面乳搓揉起泡把臉洗乾淨，再使用溫水或冷水將臉洗乾淨

2 取5塊錢硬幣大小的去角質霜，輕輕按摩肌膚後洗淨

3 將化妝水倒在掌心，均勻沾濕雙手，拍打臉龐到化妝水完全吸收

4 可加強下巴及臉頰乾燥部位

男人的化妝水

MAN-Q
全效精華平衡收斂水
/150ml/NT$330

不含酒精成分的平衡收斂水，在洗臉或刮鬍後，能有效收縮毛細孔、緊實肌膚，清爽不黏膩，並能舒緩鎮靜刮鬍後的不適。

DHC柔軟平衡化妝水(MEN)
/60ml/NT$359

柔軟平衡化妝水含蜂蜜及蘆薈精華，無色素、無香精的清爽觸感，能調理皮脂分泌旺盛的膚況，並能舒緩刮鬍後的不適。

施巴痘淨調理潔膚水
/150ml/NT$420

可再次清潔肌膚，去除老廢角質、多餘油脂，預防毛孔阻塞，並活化肌膚再生能力與修護肌膚。

Kiehl's藍色收斂水
/8.4oz/NT$900

Kiehl's最著名的商品之一，提供收斂殺菌、保濕舒爽的功效，非常適合油性、極油性以及青春痘困擾的人使用。

ORIGINS
無油無慮調理露
/150ml/NT$680

能降低表面吸附引力，讓灰塵與髒東西更容易被清除，並且吸除表面多餘的油脂，使肌膚清爽，不泛油光。

Uno收斂潤膚水
/180ml/NT$200

於洗臉或刮鬍後使用，能夠有效收斂毛孔，吸收多餘的油脂，保持臉部潔淨舒爽的感覺。

基礎保養④

機能乳液

潤澤保濕，控制油脂分泌、抗老除皺

對男人而言，瓶瓶罐罐的保養方式最讓人受不了，如果有一瓶乳液，裡面包含了各種男人對肌膚的要求，不過只需要一個動作，真的會讓人雀躍不已。在男性保養市場漸漸茁壯成氣候，這樣的希望也即將變成事實。

在化妝水之後，男人還需要乳液來做什麼呢？首先是控制皮脂分泌，希望能脫離油光滿面、粗大毛孔是男人的第一個願望；第二是遠離恐龍皮，讓肌膚柔軟有光澤，這時保濕的重要性就跳出來了；第三是改善細紋、修補痘疤，這時候如果能夠適時補充膠原蛋白等成分的幫助，保養就更有效。

57

●方法

雖然很多保養的要求，都託付在乳液上，不過到底要不要使用，還是以個人的需求最重要。針對男性所開發的保養產品，清爽不油膩是最基礎的訴求，不過如果不能一下子適應它塗抹在臉上的感覺，建議你從晚上開始試用，睡前的保養因為活動量減少，可以降低使用後的黏膩感，適應了之後，再加入到白天的保養清單上。

潤澤步驟

1 將洗面乳搓揉起泡,再輕揉臉部後使用溫水或冷水將臉洗乾淨

2 取約5塊錢硬幣大小的去角質霜,按摩肌膚後洗淨

3 輕輕拍打化妝水在臉上,直到肌膚完全吸收

4 取適量的乳液,在額頭、兩頰、鼻樑、下巴各點一點,以向上向外的方式,均勻塗抹開來

男人的乳液

MAN-Q調理油脂保濕凝膠
/50ml/NT$380

針對易出油的 T 字部位有效控油，並且強效保濕滋潤疲憊的肌膚，保持膚質年輕有光澤。

Kiehl's極限男性活膚乳液
/75ml/NT$1100

帶有薄荷尤加利葉的味道以及豐富維他命，可以讓肌膚從暗沉疲勞的狀況下解脫，迅速恢復好氣色。

MAN-Q活力抗氧水乳液
/50ml/NT$420

有效阻隔紫外線 A、B 及環境光害，避免直接的傷害肌膚，獨家研發全新抗氧化胜肽配方PQ10，能有效減緩臉部的皺紋及細紋。

SHISEIDO
男人極致滋潤乳
/100ml/NT$1000

清爽、如水般的清新乳液，給予刮鬍後洗臉的肌膚最佳含水效果，使肌膚免於粗糙或刮鬍後的紅熱與不適現象。

BIOTHERM
男仕有氧O2淨化潤膚露
/50ml/NT$1400

淨化排毒配方，能中和肌膚內毒素，達到深層淨化，並且增進及富含氧量，幫助肌膚恢復健康光采。

雅漾清爽油脂調理乳
/40ml/NT$830

Oil-Free配方，迅速調節油脂分泌，清爽不泛油光，能有效維持肌膚舒適感。

基礎保養 5

刮鬍藝術

保持臉部清爽，肌膚光滑潔淨

鬍子對男人的獨特性，可能就像胸罩之於女人，要不要蓄鬍呢？要留成怎樣的style呢？留了鬍子好不好看呢？男人對於鬍子的斤斤計較，就像女人對胸罩諸多要求。

蓄鬍蓄得好，可以幫男人的魅力加分，不同的蓄鬍有不同的風格，但是不管有沒有留鬍子，如何刮鬍子是每個男人都要學會的課題。別再隨手拿一把拋棄式刮鬍刀往臉上刮，刮鬍子需要技術，刮鬍子前後更需要保養，這可能是男人最早接觸的保養課。

●方法

有些人習慣在清晨刮鬍，但其實當洗完澡後毛孔張開，皮膚比較柔軟的時刻，才是最佳的刮鬍時間。為了避免刮鬍刀對肌膚過度刺激，應先讓刮鬍膏停留在鬍鬚上一會兒，等到鬍鬚軟化後再進行刮除，之後也不要忘了以鬍後水輕拍刮鬍處，幫助受到刺激的皮膚鎮靜及滋潤。

MEN力四射

60

刮鬍步驟

1 為臉部做完清潔工作後，才開始進行刮鬍

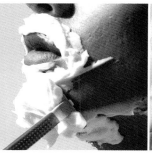

2 塗抹刮鬍膏在欲修整的部位，稍等一會待鬍鬚柔軟再進行刮鬍

3 用鋒利的刮鬍刀順著鬍鬚生長方向刮鬍

4 刮完之後，使用鬍後水收斂肌膚，提供滋潤

男人的刮鬍保養品

THE BODY SHOP
男士清爽刮鬍膏
/100ml/NT$350

含維他命A、E及維他命原B5多種精華油萃取，可以柔軟鬍鬚，舒緩肌膚，使用後臉部略有清涼感，並且使肌膚柔軟平滑。

BIOTHERM
礦泉溫和型刮鬍霜
/200ml/NT$700

含PEPT礦泉舒活因子，能鎮靜舒緩，減輕泛紅、灼熱等發炎現象，使刮鬍動作更加溫和安全。

AVEDA鬍後液
/100ml/NT$680

不含酒精，可以平撫及舒緩刮鬍時刮鬍刀對皮膚所造成的傷害，滋潤皮膚，避免刮鬍後皮膚乾澀。

AVEDA迷迭/薄荷刮鬍膠
/150ml/NT$680

半透明的乳膠狀配方，能提供滑順的效果，讓您更舒適平滑的除毛，並提供肌膚外層必要的滋潤。

ORIGINS無瑕髭輕鬆刮鬍油
/50ml/NT$720

具有舒緩功效的無瑕髭輕鬆刮鬍油，讓刮鬍感受更加平滑順暢，不會引起刺激敏感。

吉列男士刮鬍後潤膚露
/75ml/NT$150

於刮鬍後或任何時間使用，能提供肌膚滋養而不油膩的清新舒暢感受。

吉列男士刮鬍露
/195g/NT$149

添加甘油及蘆薈精華，能保濕並滋潤肌膚，讓你有更滑順舒服的剃鬍感受。

型男的保養單

男人的保養觀念、保養態度正在進化中，這個現象不需要官方數字來背書，光是走一趟美容開架、化妝品專櫃，陸續蹦出來許多Men的專屬符號，你就知道男人保養的需求已漸漸被專業化。

從專櫃化妝品牌提供的銷售數字來看，臉部清潔類商品仍然獨佔鰲頭，位居購買使用量的第一名。不過從去年開始，化妝水的需求慢慢升高，男人對臉部的瑕疵忍受度越來越低，進而提出更多改善的要求，可以接受再多一、兩個保養步驟的男人，數字也快速攀升。

你也是想要脫離保養新手，需要更多一點保養知識與方法的男人嗎？

在你錯把一層一層保養品往臉上塗抹就以為是進階保養的觀念付諸行動前，希望你可以仔細想想"進階"對你的意義是什麼。當進階保養對你有意義，你的保養才會更有效率。

進階保養目的一：
從生活類型提高保養效率

你是習慣從事靜態活動、室內活動的斯文型男？喜歡倘佯陽光下，與戶外活動有緣的陽光型男？或者對全身行頭都斤斤計較的雅痞男？從你的生活類型、各個習慣來判斷你需要的保養，提早一步預防肌膚問題。

進階保養目的二：
從年齡需求改善肌膚狀況

不同的年齡會出現不同的肌膚狀況，當然也需要不同的保養方式。如果你不清楚除了清潔控油還需要什麼，不妨聽聽肌膚自己的意見。

斯文型男保養方

test

斯文型男對號入座 >

你是斯文型男嗎?誰有資格成為斯文型男?

以下的狀況請全數作答,如果有2個勾以上,就有資格試用斯文型男保養處方。

- ☐ 俗稱辦公室一族,上班時間絕大多數在室內
- ☐ 需要經常坐著辦公,以桌上型作業為主
- ☐ 經常身處密閉、空調環境 平常沒什麼機會曬到太陽
- ☐ 喜歡靜態類型的活動,如看電影、聽音樂、閱讀
- ☐ 通常在室內或夜間進行運動,例如上健身房、夜間打籃球

進階保養重點

加強保濕 ＋ 眼霜

這一類型的男人,活動區域通常在室內,不是整天坐在辦公桌前忙文件報告,就是在會議室裡忙開會,沒有什麼機會曬到太陽,或者應該說,與其要你選擇去大太陽下打籃球、玩衝浪,你可能還比較常去看電影、逛書局。

這樣生活類型的男人,除了做好肌膚的基本保養,保濕是進階保養的第一項選擇。經常待在空調室裡,肌膚容易因為水分蒸發而流失,別以為你的肌膚只怕油不怕乾,缺水的症狀通常會加遽出油的現象,再加上熬夜工作,小心肌膚又乾燥、又暗沉,還外加出油。

除了保濕,經常熬夜、過度用眼的你,為了預防黑眼圈、皺紋提早爬上臉,建議可以再將眼霜加入你的保養清單,別讓眼周小瑕疵壞了你的光采。

進階保養步驟

1 將洗面乳搓揉起泡
把臉洗乾淨,再使
用溫水或冷水將臉
洗乾淨

4 取適量的眼霜,
以無名指腹均勻
點壓在眼睛周圍

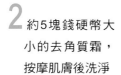

2 約5塊錢硬幣大
小的去角質霜,
按摩肌膚後洗淨

3 輕輕拍打化妝水在
臉上,直到肌膚完
全吸收

5 取適量的保濕精
華液,均勻塗抹
全臉

6 取適量的控油乳
液,在額頭、兩
頰、鼻樑、下巴
各點一點,以向
上向外的方式,
均勻塗抹開來

Kiehl's礦岩花緊實眼霜
/15ml/NT$1500

礦岩花具有幫助眼周肌膚
緊實與彈性的作用,明顯
淡化皺紋,還能促進眼周
血液循環,消除浮腫與黑
眼圈。

ORIGINS
拋開浮腫鎮靜舒緩眼膜
/30ml/NT$950

能迅速消除眼部肌膚浮
腫,改善疲勞後的眼圈
暗沈,幫助眼周膚色更
勻亮。對於熬夜、長時
間注視電腦螢幕所造成
的浮腫與暗沈,都能及
時的改善。

DHC水嫩細緻眼膜
/ 6包/NT$390

將蘆薈精華、橄欖葉
精華及大豆發酵精華
等植物性保濕成分注
入在高分子凝膠中,
透過肌膚的吸收,使
肌膚展現彈性和水嫩
的光澤感。

THE BODY SHOP
接骨木花活力眼膠
/100ml/NT$350

一種透明、清涼的眼
膠,是專為保護和清
新眼睛四周脆弱細緻
的皮膚而設計。能鎮
靜肌膚、舒緩眼部疲
勞,減少眼睛的浮
腫。

陽光型男保養方

test

陽光型男對號入座 >

你是陽光型男嗎？誰有資格成為陽光型男？

以下的狀況請全數作答，如果有2個勾以上，就有資格試用陽光型男保養處方。

- [ ] 工作型態需要往外跑，在室外的時間居多
- [ ] 不管騎機車或開車，沒想過要防曬這件事
- [ ] 喜歡戶外活動，經常接觸陽光
- [ ] 喜歡水上活動，享受陽光與海水的洗禮
- [ ] 喜歡小麥黝黑的膚色，甚至夏天會做日光浴
- [ ] 不怕流汗，覺得可以揮灑汗水很爽快

加強保濕＋高係數防水防曬噴霧

陽光型的男人顧名思義，你的生活型態與戶外、陽光脫離不了關係。

這樣的生活形態會讓你的肌膚出現什麼樣子的需求呢？第一，防曬。不要以為防曬是怕曬黑、想要白皙膚色的人才需要做的事，基本上防曬的目的是為了防曬傷、防止皮膚曬出變異疾病，不管你是黝黑膚色還是雪白膚色的人都要做。不過在身體上塗塗抹抹可能很難讓男人接受，專家的建議是，選擇噴霧式的防曬產品，質地比較清爽，使用起來黏膩感也能大幅降低。另外選擇防曬係數高一點的產品，它能提供戶外活動較長時間的保護，也能減少男人反覆塗抹的需求，當然熱愛水上活動的你，別忘了選用防水型的防曬品。

第二，經常曝曬在陽光下的你，別忘了補充水分，身體的跟肌膚的都要一起補充。肌膚的含水量好，新陳代謝也會好，出油量可以藉此獲得控制，老化細紋不會找上你，肌膚也可以散發明亮的光澤。

69

進階保養步驟

1 將洗面乳搓揉起泡把臉洗乾淨,再使用溫水或冷水將臉洗乾淨

4 取適量保濕乳液,均勻塗抹全臉

2 取5塊錢硬幣大小的去角質霜,輕輕按摩肌膚後洗淨

3 輕輕拍打化妝水在臉上,直到完全吸收

5 取適量的控油乳液,以向上向外的方式,均勻塗抹臉上

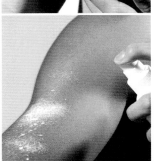

6 將防曬品均勻塗抹在臉上、身體上,並適當做補充

雅漾舒護防曬噴霧
SPF20/200ml/NT$1450
獨家添加維他命E原，可
對抗自由基，預防光老
化。噴霧劑型能方便使
用全身肌膚大面積處，
適合時常運動，需要防
曬者。

澎澎防曬乳液
SPF50/55g/NT$179

高係數防曬，有效隔離UVA&UVB，
肌膚舒適無負擔，平時外出及運動均
適用，還能有效防汗水。

THE BODY SHOP
茶樹精油/10ml/NT$295

含15%茶樹精油，不必調
和其他產品，可預防細菌
附著在肌膚的效果極佳，
並可調理油性肌膚，舒緩
面皰、粉刺等問題。

雅漾高效自然防曬霜
SPF50/50ml/NT$1110

使用超細物理性紫外線遮
蔽劑成分，不含化學防曬
因子，安全抵抗UVB及
UVA防曬、保濕，保護皮
膚持久防水。

什麼是防曬係數？

防曬係數的原文是Sun
Protection Factor，通常簡寫
為SPF標示在防曬產品外包裝
上。「防曬係數」指的是塗抹防
曬品之後可以抵禦陽光照射的時
間倍數，主要是防止紫外線的
UVB的傷害。也就是說，當你塗
抹了SPF15的防曬品，代表皮膚
被曬紅的時間會比不塗的時候增
加15倍。要注意的是，係數越高
表示防止曬傷的時間可以延長，
不代表效果越好，因此防曬品可
不是塗了之後就一勞永逸，適當
的補充才能提供完全保護。

還有PA要認識！

PA（Protection Guide of
UVA）指的是防曬品可以阻隔UVA
傷害的程度，常見在日系商品的
標示上。通常依程度可分PA+、
PA++、PA+++，分別可以延緩2-4
倍、4-8倍以及8倍以上的曬傷時
間。

雅痞型男保養方

test

雅痞型男對號入座 >

　　你是雅痞型男嗎？誰有資格成為雅痞型男？

　　以下的狀況請全數作答，如果有2個勾以上，就有資格試用雅痞型男保養處方。

- [ ] 對小細節很講究，不容許臉上有一點瑕疵
- [ ] 很有自己的想法，知道自己適合什麼樣的保養
- [ ] 傾向完美主義，最後的修飾細節也很注意
- [ ] 勇於嘗試各種新東西
- [ ] 不盲從流行，有自己的品味風格
- [ ] 吸收各種流行資訊的速度快，能掌握最新的消息

進階保養重點

抗老產品＋鬍後產品＋體香產品

　　你對雅痞的定義是什麼？每個人對雅痞的想法不同，如果就生活習慣以及保養態度上來說，我會說，雅痞型男是很知道自己要什麼、缺什麼的人，對呈現在自己身上的事物很講究，很希望表現出自己的風格，而且每個小細節都注重，就算要多花幾道手續、幾小時時間，也會把它做到最好。

　　如果你在性格上、生活態度上就是屬於這樣的人，那麼雅痞型男的保養處方就非常適合你使用。提早幫肌膚做好抗老保養，避免斑點、皺紋來攪亂視覺效果。對於男人每天都要做的修鬍動作，也絕對不會因為必須而鬆懈，刮鬍前後的保養，就是輸贏的關鍵點。雅痞型男除了照顧臉部肌膚，身體的保養也不會忽略，如何讓身體散發中性香調，而不是汗臭味，這也是一門保養學問。

進階保養步驟

1 將洗面乳搓揉起泡
把臉洗乾淨，再使
用溫水或冷水將臉
洗乾淨

2 深層清潔後，輕
輕拍打化妝水在
臉上，直到完全
吸收

3 取適量眼霜，以無
名指腹均勻點壓在
眼睛周圍

4 取適量保濕精華
液，均勻塗抹全
臉

5 取適量的控油乳
液，以向上向外
的方式，均勻塗
抹臉上

6 依自己的需求，
選擇機能型乳
霜，均勻塗抹全
臉

Kiehl's猴麵包樹男性緊膚露
/75ml/$1100元

猴麵包術萃取液讓肌膚充滿
水分彈性，增進緊實活力、
預防皺紋，是針對男性肌膚
所設計的抗老化產品。

ORIGINS
扭轉乾坤賦活美肌水
/150ml/NT$850

它是一款質地清爽的高機能乳
狀化妝水，能夠有效的修護肌
膚因環境、陽光或嚴重失水所
造成的傷害。

巴黎萊雅
MEN EXPERT
活顏緊實全面抗老保濕霜
/450ml/NT$450

由植物萃取物組成的活力緊
膚素，能有效對抗肌膚支撐
細胞組織的退化，可預防及
促進細胞修復，緊實肌膚。

THE BODY SHOP
男士長效體香膏
/75g/NT$420

含多種天然植物精油，可
除體臭、舒緩肌膚，質地
清爽不黏膩，可長時間保
持肌膚舒爽芳香。

男人分齡保養目標

20歲以下：對抗痘痘、粉刺，改善
皮脂分泌過盛

23歲以上：減少油光，縮小毛孔

28歲以上：改善肌膚暗沉、減少細
紋、避免各種老化現象提早產生

PART4

MEN力四射

男人十大外在困擾

　　雖然乍看之下男人對身體保養的興緻沒有女人高昂，保養的方式也是簡單快速為最高原則，但這並不代表男人的肌膚完美沒有問題。男人有男人的肌膚困擾，某些狀況發生在男人臉上也會特別嚴重。

　　在這一個章節裡，你除了知道到底是哪些身體問題經常找你麻煩，你還會得到一套綜合改善計畫，從醫學美容的層面改善、從生活飲食習慣下手，當然還會給你最有效率的保養方式，全方位幫你去除晉升型男的障礙物。

POINT 本章重點

男人的十大外在困擾

- 肌膚出油‧毛孔粗大
- 青春痘
- 疤痕
- 皺紋
- 眼袋

- 黑眼圈
- 乾唇
- 鬍渣
- 頭皮屑
- 體臭

肌膚出油 · 毛孔粗大

基本上來說，肌膚出油、毛孔粗大、青春痘生成是一體三面的事，想要解決其中一項，也要一起滿足另外兩者的需求才能達到。

● 清油光 · 縮毛孔醫學觀點

為什麼要將這三者混為一談，因為這一切的結果都有關連。當油脂分泌旺盛，臉上經常泛著油光，加上角化速度過快，讓皮脂老廢角質阻塞了毛孔，於是毛孔結構變大，發炎、感染的青春痘症狀也將跟著一起出現。

症狀輕微的毛孔粗大現象，可以使用柔膚雷射，激發膠原蛋白收縮，同時也可以改善出油狀況。如果是因為先天性角化速度過快所造成的問題，建議可採用飛梭雷射，它的奈米穿透能力，可以到達肌膚深層做到先破壞、再建設的組織再生效果。特別的是，飛梭雷射是一種沒有傷口的治療，目前對於皺紋、斑點、凹洞疤痕都有不錯的治療。

清油光 · 縮毛孔生活公約

- ☑ 培養正常生活作息，絕不熬夜
- ☑ 建立疏通壓力的管道，適當發洩壓力
- ☑ 保持良好衛生習慣，避免引起發炎現象
- ☑ 做好清潔保養，隨時擦乾臉上汗水
- ☑ 避免煙酒生活

清油光・縮毛孔飲食條款

- ☑ 避免過油膩的食物，如油炸品、堅果類食物
- ☑ 多吃蔬菜水果
- ☑ 避免重辣、重鹹、重油口味
- ☑ 多喝水
- ☑ 避免暴飲暴食，建立正常飲食習慣

清油光・縮毛孔美容法寶

　　除了做好早晚的清潔工作，在肌膚沒有敏感、傷口的狀況下，適當選用含有果酸類的產品來清除老廢角質污垢，尤其是水楊酸成分能深入毛孔溶解皮脂髒污，一直是保養品愛用的控油、縮毛孔成分。

　　此外防曬工作不可忽略，陽光紫外線可是引起老化鬆弛的最大元兇，當然也會連帶引起毛孔粗大現象。保濕工作不用說，更是所有肌膚保養的基礎，也是打好肌膚底子的必備條件。

青春痘

雖然青春痘、粉刺的困擾男人女人都會有，不過比較起來，發炎嚴重、容易留下疤痕的膿皰型痘痘，出現在男人臉上的機率還是偏高。改善青春痘，要從青春的時候做起，配合飲食、生活以及正確的保養習慣，速速脫離痘花臉一族。

● 除痘醫學觀點

知己知彼、百戰百勝，想要順利除痘，首先要知道敵人從哪裡來，到底為什春春痘是長在你臉上而不是我。主要有四大原因：

1. 皮脂分泌旺盛，這也是為什麼臉上經常泛油光的原因。
2. 皮脂腺受到男性荷爾蒙的刺激，導致分泌更旺盛，所以不要再奇怪為什麼你的痘痘會比你的姊妹們要嚴重，因為你全身散發男性荷爾蒙。
3. 毛囊角化速度快，導致毛囊阻塞、粉刺堆積，毛孔粗大、局部發炎的連鎖反應一直發生下去。
4. 細菌感染，造成毛囊破壞，進而引起發炎現象。

青春痘可不是只有青春痘三個字這麼簡單，依照發炎程度不同，還分成兩大種類，一般你常聽到的白頭粉刺、黑頭粉刺，是屬於未發炎型的痘痘；而發炎的痘痘像是膿皰、丘疹、囊腫，通常狀況比較嚴重，而且容易留下痘疤或是色素沉澱等後遺症。

在醫學美容上處理痘痘有幾種方式，可以解決的問題也略有不同。控制出油狀況、改善角質增生，通常可以選擇果酸、A酸換膚；角質層比較厚的人則可採用微晶磨皮，做好局部清理，也將抗痘成分導入。解決青春痘的方法很多種，不過成功的大方向就是仔細簡單，並且全方位配合。

除痘生活公約

- ☑ 培養正常生活作息，絕不熬夜
- ☑ 建立疏通壓力的管道，適當發洩壓力
- ☑ 保持良好衛生習慣，避免引起發炎現象
- ☑ 做好清潔保養，隨時擦乾臉上汗水

除痘飲食條款

- ☑ 避免暴飲暴食，建立正常飲食習慣
- ☑ 避免過油膩的食物，如油炸品、堅果類食物
- ☑ 保持清淡飲食，避免重辣、重鹹、重油口味
- ☑ 多吃蔬菜水果、多喝水

除痘美容法寶

完美的清潔是除痘之本，為了達成這個目的，除了每天好好的洗臉，每個禮拜還要定期的去角質、敷深層清潔面膜，而你很熟悉的拔粉刺貼布，只能在肌膚狀況OK，沒有任何發炎現象才可以進行。

當痘痘在臉上聚集，最好的保養就是讓肌膚"休"生養性，做好基礎的清潔，其他的保養品盡量不使用，塗抹醫師開的痘痘藥或是除痘凝膠，在患部上局部使用，等待痘痘風暴過去即可。

疤痕

男人臉上的疤痕，十之八九都是因為痘痘發炎所留下來的痕跡。即使是痘疤，也有不同的程度跟不同的發生原因，請醫師協助確認你的疤痕種類，對症下藥才能有效除疤。

● 除疤醫學觀點

痘疤可以分成四大類，不同的種類有不同的解決方式。

第一類：黑色疤痕

外觀看起來黑黑的，多半是因為色素沉澱所留下來的痕跡，如果你的新陳代謝夠好，基本上它會隨著時間過去而消失，想要快速看到改善效果，一般醫師會建議果酸換膚加上美白導入，輔以防曬、美白產品的使用，疤痕可以褪得更快。

第二類：紅色疤痕

這是比較嚴重的痘痘所留下來的疤痕，因為發炎嚴重，血管擴張破壞所引起。一般來說紅色的疤痕，如果泛紅的現象2-3個月內沒有自行吸收，等待自行消退的可能性就很低。建議可採用染料雷射，或是較溫和的脈衝光協助進行除疤美容。

第三類：凸出疤痕

在發炎的時候沒處理好，或是癒合過程中組織過度增生，就會發生凸出性的疤痕。治療凸出性的疤痕，可局部注射類固醇，或是採用冷凍治療，根據發炎時血管擴張的現象，輔以脈衝光或是雷射治療，除疤效果會更好。

第四類：凹的疤痕

如果是淺淺的凹疤，一般可局部注射玻尿酸或膠原蛋白，提供暫時撫平凹洞的效果。不過如果是凹痕很深的疤，局部注射起不了作用，建議採用磨皮或是穿透能力高，具有促進組織再生的飛梭雷射治療，效果才會顯著。

除疤生活公約

- ☑ 規律作息，保持良好的新陳代謝
- ☑ 注意防曬，避免黑色素沉積
- ☑ 注重衛生，避免發炎現象加遽
- ☑ 細心照顧傷口，遵照醫囑定期塗抹藥膏

除疤飲食條款

- ☑ 多喝水，幫助身體新陳代謝
- ☑ 避免吃重鹹、重辣的食物
- ☑ 多吃維他命C多多的蔬菜水果
- ☑ 每天補充維他命C

除疤美容法寶

　　基本上來說，當疤痕真的已經成形，或者是陳年已久的舊疤，想單靠美容保養來改善，基本上是不可能的。除了持續美白、防曬，在傷口要癒合的同時，如果可以治療傷口與預防疤痕一起下手，疤痕產生的機率就能略為降低。

皺紋

男人的肌膚不知是該說「得天獨厚」還是「自作自受」，不像女生在邁向熟齡的過程中會從小細紋演變成深皺紋，或者因為保養不當偶爾會產生假性皺紋，年輕男人的臉上幾乎看不到細紋，不過一旦紋路產生，那可是又深又長的正牌皺紋，要挽救可得花上數倍功夫。

● 縮毛孔醫學觀點

皺紋可分為兩種，一種是因為表情多、經常使用某部份肌肉收縮所引起的紋路，我們稱之為動態紋，很多男人因為眉頭深鎖，在眉間造成的紋路，就是這類皺紋。另一種是因為生理老化所造成的皮下組織萎縮，或者是因為日光性老化所造成的深刻紋路，我們稱之為靜態紋。

這兩種紋的處理方法不同，一般來說動態紋可以藉由施打肉毒桿菌或玻尿酸來達到撫平皺紋的效果，不過因為注射的成分會被自體吸收，因此效期約半年，需要持續注射。至於因老化引起的靜態紋，建議可採積極性治療，飛梭雷射可以深入刺激膠原蛋白增生，是效果持久的治療方式。

除皺生活公約

- ☑ 避免過度誇張的表情
- ☑ 建立疏解壓力的方法，避免鬱積
- ☑ 正常作息，避免熬夜
- ☑ 培養運動的習慣
- ☑ 避免過度曝曬在太陽下

除皺飲食條款

- ☑ **多喝水**
- ☑ **補充維他命C**
- ☑ **培養正常飲食習慣，三餐營養均衡**
- ☑ **多吃蔬菜水果**
- ☑ **避免暴飲暴食**
- ☑ **多吃含有膠原蛋白的食物**

除皺美容法寶

　　要防止皺紋提早發生，有四字完美指令～保濕防曬。很多男人不會忘了要抑制油光、控制出油現象，卻很少有男人會記得要提供肌膚水分，做好保濕。當肌膚的含水量充足，新陳代謝才能變好，預防老化才有立基點。除了保濕，防曬也很重要，避免讓陽光紫外線加速肌膚老化，提早發生皺紋、斑點現象，每天的防曬工作不可馬虎。

搶救肌膚作戰

85

眼袋

眼袋的存在到底會帶來怎樣的困擾，其實還真難肯定。古代面向學裡有眼袋越大表示子孫多福祿滿堂，大眼睛的帥哥美女通常也有眼袋，不過相對來說，眼袋讓你看起來疲累，更容易讓你的年齡露餡。

● 消眼袋醫學觀點

為什麼會有眼袋，有些人天生就該是帥哥美女，因為他們的眼袋是遺傳，一般稱為「臥蠶」，主要是眼輪匝肌肥厚。最常見是因為老化所以產生的眼袋，通常會合併皺紋出現。此外因為生活習慣不良，常拉扯眼皮、睡眠不足、過度疲勞甚至因為鼻子過敏等一些疾病問題，也會導致眼袋的產生。

一般來說，輕微的眼袋會採注射玻尿酸或是肉毒桿菌，暫時得到解決，不過如果是因為老化所引起的眼袋，則需要進行割除，將脂肪抽出，視狀況合併拉皮的緊膚處理，效果才持久完全。

消眼袋生活公約

☑ **培養規律的生活作息，不熬夜**

☑ **睡眠充足，提高睡眠品質**

☑ **避免身心長期處在疲憊壓力下，要懂得適時疏解**

☑ **避免過度使用眼睛，適時休息**

☑ **動作輕柔，不拉扯臉部肌膚**

☑ **改善身體健康狀況，提高免疫力**

消眼袋飲食條款

- ☑ 避免晚飯後到睡前大量喝水，盡量在晚上之前補充完所需水分
- ☑ 平常可以喝紅豆薏仁湯，有利水排濕的作用
- ☑ 多吃維他命C多多的蔬菜水果
- ☑ 避免重鹹、重辣口味
- ☑ 將有助排水的食材加入料理中，例如冬瓜、白蘿蔔…

消眼袋美容法寶

按摩對於消除眼袋來說，具有不錯的輔助作用，經常按壓眼周穴道，或是搭配眼部保養產品，以無名指腹輕輕點壓按摩眼周，可以促進血液循環，達到消除腫脹的作用，不過這個效果可不是一日見效，要長時間持續進行，才能獲得回報。

此外在早晨起床時，如果眼睛腫脹，可以用冷眼罩冰敷5分鐘，藉以刺激眼周血液循環。在眼睛疲憊時，請記得閉目休息，並適度冰敷，對消除疲勞很有幫助。

黑眼圈

男生的膚色多數比較黝黑，如果突然冒出黑眼圈或是斑點，通常也不是很明顯。這或許可說是保護色，不過換句話說，當你的黑眼圈真的讓旁人驚呼，表示發黑的程度還真是蠻嚴重的。

● 漂白圈醫學觀點

眼周的皮膚比較薄，因此只要血液循環不良，靜脈血液鬱積在眼睛周圍，顏色看起來就比較深，因此才有黑眼圈的形容詞出現。會導致黑眼圈的發生，多半是因為作息不正常、睡眠不足、壓力太大、精神疲憊所引起，一般來說，只要行為做好導正，日常生活正常規律，輔以眼部保養品的使用，通常可以獲得顯著的改善。

如果真的是黑到不行，也可以藉由脈衝光或是生長因子、維他命C的導入來改善。當然如果你的黑眼圈跟生活行為沒有關係，而是過敏性鼻炎所引起，那麼做好疾病根治才是重點。

漂白圈生活公約

- ☑ 充足的睡眠，良好的睡眠品質
- ☑ 培養規律的生活作息，不熬夜
- ☑ 避免身心長期處在疲憊壓力下，要懂得適時疏解
- ☑ 避免過度使用眼睛，適時休息
- ☑ 改善身體健康狀況，提高免疫力
- ☑ 做好防曬，太陽眼鏡不可少

☑ 多補充維他命C，多吃維生素豐富的蔬菜水果

☑ 營養均衡，培養正常飲食習慣

☑ 避免重鹹、重辣口味

☑ 不偏食，避免新陳代謝功能失調

漂白圈美容法寶

適度促進局部血液循環，可以幫助改善黑眼圈現象。早上醒來發現眼圈黑得可以，馬上幫眼周來個熱敷，促進眼部血液循環。覺得勞累的時候，用熱毛巾敷臉，不僅減輕疲勞感，也可以改善眼周循環。當然泡澡也是促進循環的好方法，不僅眼周疲勞消除，身體也放輕鬆。

以美白為重點，搭配按摩做好眼部保養，可以大大提高眼圈漂白的功力。除了美白，還要防曬，可以阻擋紫外線的太陽眼鏡，可是你的防黑護身符。

很多男人對保養的不用心，有時候不是表現在臉上，而是從嘴唇上透露出訊息。唇紋深、唇乾、在冬天甚至會出現唇部脫皮、乾裂的現象，唇部保養不只女人重要，男人也同樣不能忽略。

● 潤嘴唇醫學觀點

為什會出現唇乾、唇裂的現象，原因就是因為水分、油脂的缺乏。唇部肌膚會隨著年齡的增長而越變越薄，因此逐漸失去彈性與保濕度，加上季節轉換、空調環境、有用舌頭舔嘴唇等等的原因，更加重了唇部乾裂脫皮的現象。

要改善唇部乾裂的現象，其實只要用心保養就能看到明顯的效果。不過當唇部因為水分蒸發狀況過於嚴重，會在嘴邊形成一圈紅色的口唇炎，這時不僅唇部要做滋潤保濕，還要輔以藥物塗抹，才能快速改善唇部乾裂的現象。

潤嘴唇生活公約

☑ 嚴禁使用舌頭舔嘴唇，這個動作不但不會滋潤，反而帶走更多唇部水分

☑ 避免長時間曝曬在陽光或寒風中，若有需要請隨時補充護唇膏

☑ 維持良好的生活作息，避免熬夜

☑ 不煙酒、不嚼食檳榔

☑ 避免吃辛辣食物

潤嘴唇飲食條款

☑ 多喝水，補充水分

☑ 多吃蔬菜水果，補充水分及維他命

☑ 補充維他命C、維他命B群

潤嘴唇美容法寶

　　唇部的保養可以分成平常就該做，以及改善唇乾唇裂現象的緊急方式。為了避免唇部水分流失，平常就該隨身攜帶護唇膏，隨時塗抹以提供唇部肌膚滋潤保護，尤其是經常待在冷氣房或是在外曬太陽、吹風的人，更應該定時補充。睡前是極佳的唇部保養時間，厚厚的塗上一層滋潤度高的護唇膏，用手指輕輕畫圓，睡個一覺起來，唇部就能充滿水潤感。

　　當唇部出現脫皮乾裂的急症時，千萬別想用撕的將脫皮去除，如果可以的話用剪的，不然就先用熱毛巾敷唇，等待硬皮軟化時，再用毛刷輕輕刷去，如果效果都不夠好，那就繼續提供唇部保濕、滋潤，等待它自行脫落。

鬍渣

有型的鬍子可以替男人加分，但是雜亂無章的鬍渣可是會倒扣分數。如何好好的修整出鬍型，再跟鬍渣好好相處，是男人的保養大業。

● 修鬍渣醫學觀點

因為每個人毛髮生長的速度以及毛髮分佈的程度不一樣，因此像外國人一樣滿臉的落腮鬍，東方男人真想蓄出這樣的造型，也不是人人都做得到。此外鬍型要好看，還要搭配臉型、毛髮的生長狀態以及分佈位置，不管你決定蓄不蓄鬍，清潔與修整非常重要。

蓄鬍首重清潔，否則再有型的鬍鬚造型，呈現出糾結雜亂甚至產生異味，也不能幫臉蛋加分。沒有留鬍子的人，每天清理鬍渣是一種禮貌。如果覺得每天使用刮刀、電動刮鬍都不夠方便，雷射以及脈衝光除毛可以幫你一勞永逸。

修鬍渣生活公約

- ☑ **每天洗臉時，鬍子也需要一起做清潔。**
- ☑ **早晚洗臉，徹底做好清潔**
- ☑ **培養正常生活作息**

修鬍渣美容法寶

想要把鬍渣清理得更乾淨俐落，一瓶泡沫細緻的刮鬍泡、一把俐落順手的刮鬍刀不可缺。為了避免每天刮除讓肌膚變得敏感，適當提供滋潤很重要，鬍後水可以提供鎮定保濕的作用，每天有刮鬍習慣的男人必備。

體臭

在夏天，女人心裡都有個小陰影，深怕走過哪個男人身邊，他遺留下來的汗臭體臭味會讓人缺氧窒息。男人的清潔不是只做肌膚表面，身體也要好好照顧。

● 除臭味醫學觀點

男生汗腺、皮脂腺比女生較為發達，因此為了避免汗水在毛髮濃密處形成菌落，做好局部清潔非常重要。馬上汗水擦乾保持肌膚表面乾爽，你可以適當使用止汗劑來改善出汗狀況，不過如果出汗狀況異常成為困擾的多汗症，不妨尋問醫師的建議是否進行汗腺切除術。

此外狐臭、體臭也是男人常見的困擾，除了使用體香劑，如果身體異味已非常人所能接受，同樣也請諮詢醫師尋求外科手術的協助。

除臭味生活公約

- ☑ 穿著通風透氣度好的衣物
- ☑ 適時更換沾滿汗水的衣物
- ☑ 擦乾汗水，避免讓汗水自然風乾

除臭味飲食條款

- ☑ 避免吃辛辣等重口味食物
- ☑ 多吃蔬菜水果
- ☑ 多喝水

除臭味美容法寶

使用體香劑以及止汗劑可以適度幫助汗臭味出現，不過在使用這些產品之前，請先測試肌膚的敏感度。不管這些產品有多好用，充其量也只是輔助動作，真正的保養是做好從頭到腳的清潔，真正的乾爽舒適才能呈現。

頭皮屑

很多男人的肩膀上，常常會有一種不太受歡迎的裝飾品，靠近一看，常常會被細細碎碎、如雪花般的頭皮屑給嚇了一跳。不管你是多有型的男人，只要頭皮屑上身，都會因此破功。

● 拂雪花醫學觀點

頭皮屑其實是一種角質細胞成片脫落的現象，形成的原因主要是在某些皮膚病或是其他生理因素影響下，使頭皮的新陳代謝不正常加速，導致大量尚未完全角化的角質細胞成片脫落，形成不透明且肉眼可見的頭皮屑。

皮膚病如乾癬、頭癬、脂漏性皮膚炎，生理性的如睡眠不足、疲勞、緊張以及頭皮失去濕度平衡時，都可能引起頭皮屑現象。如何解決？你可以使用市面上含有抗屑效果的水楊酸、煤焦油、硫化硒等成分的洗髮精，看看是否能緩解頭皮屑現象，不過如果真的太過嚴重，還是盡早由皮膚科醫師開立治療處方。

拂雪花生活公約

☑ 培養正常作息，早睡早起

☑ 不熬夜，睡眠充足

☑ 適度減輕壓力，避免過度勞累

☑ 找到適合自己使用的減壓方法

☑ 避免長時間待在冷氣房

☑ 避免用指甲抓頭皮

☑ 避免使用過於尖銳的梳子梳頭

拂雪花飲食條款

- ☑ 避免過於辛辣刺激的飲食
- ☑ 避免攝取過量的煙酒、咖啡
- ☑ 補充綜合維他命
- ☑ 多攝取青菜水果、蛋白質

拂雪花美容法寶

　　要促進頭皮毛髮的新陳代謝，按摩是一個絕佳方法。洗髮時適度的用指腹按摩頭皮，可以有效地促進頭皮的血液循環，讓毛囊獲得充分的營養，頭髮更亮麗。另外平常時揉按頭頸部、按壓太陽穴、以指腹按摩頭皮，或是選一把好梳子，藉由梳髮來按摩頭皮，都是促進頭皮血液循環、幫助頭皮新陳代謝正常的方法。

打造完美型男

找出屬於自己的style

　　平常總是素顏的女人，稍稍添點唇色或是讓睫毛濃翹起來，就能讓人眼睛一亮。男人想要擺脫以往的既定印象，給人煥然一新的全新造型，從哪裡下手可以最有效率？提供你三個值得投資下功夫的地方，做點小改變，視覺印象馬上跟著改變。累積每次嘗試出來的經驗，慢慢摸出自己的Style，往完美型男的方向大步邁去。

PART4

POINT 本章重點

型男三大改造重點
髮型＋眉型＋配件

髮型

髮型在整體視覺上佔有舉足輕重的位置，當你想要改變形象、轉換心情，從髮型下手是最直接的作法。

怎樣的髮型最有型？這個問題沒有標準答案，因為不管選擇什麼樣的髮型，除了要與本身的性格氣質做搭配，臉型、職業、年齡、出席場合、出席身份等條件，也必須全部考慮，可以讓自己舒服坦然去接受的髮型，才能為你的型男造型大大加分。

● 玩髮型 · 重點提醒

1. 除了造型，頭髮的清潔也不能疏忽，不然髮型再好看，也會被臭油頭大打折扣

2. 經常吹染整燙，別忘了也要三不五時深層護髮

3. 想替頭髮變色，適當挑染會讓頭髮更有立體線條感

4. 變髮要考慮頭髮本身的條件，搭配氣質與臉型

5. 成功髮型的基本原則，出席各種場合都能適度表現你的風格又不失禮

6. 不怕懶惰，定期修剪並且每天練習抓型，才能隨時呈現最有型的狀況

7. 抓住清爽、乾淨的大原則，永遠不會出錯

萬古流行STYLE

運動型極短髮

　　將頭髮整個剃短,只保留頭頂上約10公分的長度,將臉型的五官整個表現出來。可以很陽光,也可以很粗獷。

清爽型短髮

　　以簡單線條、清爽乾淨的形象為第一原則,可直順可蓬捲,都要以好髮質為底子。

服貼式梳髮

　　將整個頭髮往後梳得整齊服貼,這款乾淨俐落的造型永不退流行。適合搭配服裝出席正式場合,也很適合營造專業的都會雅痞形象。

眉型

男人的五官之中，哪一個部位一改變，就能馬上變有型，答案就是～眉毛。

大多數的男人都會注意鬍子的問題，每天定期的刮鬍清理，不過卻很少有男人會定期修整眉毛。又粗又濃是一般對男人眉型的印象，跟女人比較起來，男人的眉毛不僅線條粗、眉色濃，雜毛多又明顯、眉型更需要整理。很多男人就算穿戴整齊，為什麼看起來怎麼還是不夠清爽乾淨？修整一下眉型，清理一下眉間雜毛，解除幾乎連成一字眉的雜毛魔咒，你會發現結果大不同。

眉型專家斜口眉夾
/NT$780/屈臣氏提供

進口自動修眉剪
/NT$279/屈臣氏提供

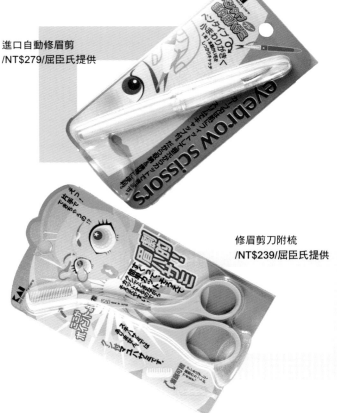

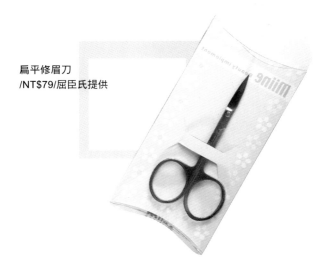

扁平修眉刀
/NT$79/屈臣氏提供

修眉剪刀附梳
/NT$239/屈臣氏提供

修眉步驟

1 順著眉型，將雜毛一一修掉

2 剪掉過長的眉毛，眉型也可以在這個步驟慢慢找出來

3 眉型呈現後，使用眉筆將有缺的地方補齊

修眉型‧重點提醒

1. 修整眉毛需要好工具，修眉刀、眉夾、眉筆、眉刷
2. 根據男生使用下來的經驗，修眉最順手的工具，是沒有握把、單面的刀片
3. 修眉的兩大重點，修整雜毛以及補齊眉色
4. 將眉頭與眉頭之間的雜毛拔掉，保持至少一根手指的寬度
5. 找出眉峰的位置，確認眉型，將上側以及眉尾周邊的雜毛修整掉
6. 使用相近的眉筆顏色，將眉尾線條補齊
7. 修眉新手先從拔除雜毛開始練起，再慢慢找型

標準眉型位置

　　依個人臉型以及眉毛生長的方向不同，眉型粗細長短或許略有不同。一般來說，眉型的位置如下：

眉峰：以黑眼球最外側為基準，向上畫一條垂直線，與眉毛交接的位置即是

眉尾：眉毛的最尾端，與眼角、鼻翼三點，可恰好連成一直線

眉頭：眉頭不宜修整得太開，基本上順著眉型將雜毛拔除即可

配件

有的時候，更換一下你用慣的產品，嘗試一下新鮮沒試過的玩意，很有可能會為你的造型帶來意想不到的驚奇。

完美的造型是一次一次嘗試後所累積出來的成績，如果你現在還沒有頭緒要往哪種型男方向前進，建議你從小地方開始嘗試，看看哪一種型你表現起來最舒服自在。

一般來說，眼鏡會是造型師最想先下手改變的地方，眼鏡的材質、款式變個樣，就能大大改變視覺印象。服裝的款式也是你可以多方嘗試的部份，除了一櫃子T恤、襯衫，你還有針織衫、POLO衫可以選擇。當然顏色也是很容易馬上改變印象的變化，加上皮帶畫龍點睛的巧妙利用，形象可以頓時改觀。

● 最適合發揮畫龍點睛效果的配件

眼鏡　換副眼鏡，就能換種形象

帽子　不同款式的帽子，可以在不同場合為形象加分

頭巾　頭巾如果用得好，男人超有型

耳環　可以讓年輕人大肆發揮創造想法的造型空間

腰帶　可休閒、可正式，一條腰帶可以創造不同的視覺魅力

皮夾　被塞得爆爆的、用到爛爛的皮夾，真是一點也沒有型

| 鞋子 | 看男人先看他穿的鞋，就可以一眼看出他對生活的品味 |

| 手錶 | 手錶是男人最實用的裝飾品，具有功能性的手錶，適合不同的場合 |

型男禁忌

雖然說造型可以千變萬化，玩出自己的風格來，不過在時尚界，有幾項不成文的笑話，你還是別將它搬上抬面。

✗ 襪子的顏色很"突出"，與褲子、鞋子不搭配

✗ 將窄管長褲的褲管反折

✗ 臀部後面的口袋塞了一個厚到要爆出來的皮夾

✗ 正式場合襯衫裡面沒穿內衣，隱約露兩點

✗ 穿著太寬鬆或太緊繃，不合身的西裝出席

✗ 西裝的口袋塞滿東西，擠出不順的線條

✗ 襯衫鈕釦掉了、T恤有明顯污漬

完美型男打造重點

男人化妝？聽起來很不可思議，不過這卻是國外男人行之有年的習慣及禮貌。在國內，由於近年來男模特兒以及男藝人"不吝"分享他們的保養之道，男人化妝的行為在國內雖然不普遍，不過並不是驚世駭俗的行為。

其實男人化妝不像女人，著重流行的顏色以及不同的彩妝技巧，對男人來說，化妝只有一個目的，就是不露痕跡的流露出好氣色。男人化妝的步驟雖然也不可隨便馬虎，不過所有的用色、技法只有一個目的～自然。找出自己臉上的特色，輔以彩妝技巧，可以讓氣色更好，整個人看起來更乾淨、精神一振。

當然要上妝之前，皮膚的底子可要好好照顧，這可是自然裸妝的最大關鍵。

● 男人裸妝重點

底妝：以貼近自己膚色的底妝為主色。皮膚較乾的男人可採用粉底液，再以蜜粉按壓：皮膚較油的男人在塗抹隔離霜，以蜜粉按壓即可。

眉毛：掌握兩大重點就能創造最自然的眉型～修掉雜毛、補上眉色

眼妝：如果眼睛比較沒神，不妨考慮沿著上眼瞼畫上眼線；再以睫毛夾夾彎睫毛，還嫌不夠有神，可以刷上透明睫毛膏。

腮紅：以貼近自己膚色的腮紅，淡淡的刷上立體的好氣色。

口紅：淡淡一層護唇膏或是透明唇蜜即可。

斯文型男

● 造型前

眉毛略為雜亂

唇乾唇紋深

黑眼圈

臉上有瑕疵疤痕

彩妝重點

☑ 底妝乾淨、舒服

☑ 眼睛炯炯有神卻不咄咄逼人

☑ 唇色自然

彩妝步驟

NUMERIC PRO OF PARIS
完美遮暇膏
/NT$4800

NUMERIC PRO OF PARIS
立體修飾粉霧眼影
/NT$4800

1 使用遮瑕膏，將臉上的暗沉、瑕疵局部遮蓋掉之後，再用刷子輕輕刷上蜜粉

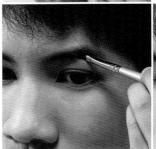

2 修整眉型，將眉型周圍的雜毛拔除，再視狀況補上眉色

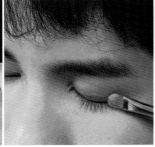

3 用眼影刷將灰藍色的眼影輕輕刷在雙眼皮層、眼窩處，較為白皙的膚色搭配淡灰藍眼影，眼睛看起來更有神

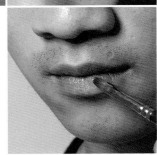

4 由上往下在顴骨淡淡刷上腮紅，增加臉的立體感

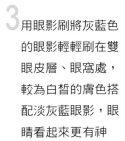

5 在唇上塗抹護唇膏，提供唇部滋潤與亮度

 Tips

不太能接受眼皮上有顏色的人，上完眼影之後，可以再刷上一層膚色眼影，減低眼影的色彩亮度。

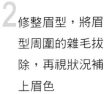

MEN力四射

106

造型重點

　　辦公場合，襯衫搭配西裝的正式造型，可以很貼切的輔助專業能力的表現。

　　休閒場合，不妨嘗試使用花色、素色或條紋襯衫搭配休閒褲，來展現穩重中帶有輕鬆的穿著風格。

髮型重點

　　根據本身的髮型，梳理出平順或抓出簡單的線條，強調乾淨、整齊的形象，髮色以自然為主。

陽光型男

● **造型前**

暗沉的膚色

沒型的眉毛

有痘疤瑕疵

沒有光澤的唇色

彩妝重點

☑ 底妝明亮、有光澤

☑ 眼睛有晶亮的神采

☑ 唇色自然紅潤

彩妝步驟

NUMERIC PRO OF
PARIS 妝前保濕乳
/NT$2280

NUMERIC PRO OF
PARIS潤色腮紅
/NT$2200

NUMERIC PRO OF PARIS
定妝蜜粉/NT$1980

1 使用蜜粉刷，淡淡的刷上一層蜜粉，增加臉上亮度

2 使用眉筆將眉形補齊，讓眉形更又型

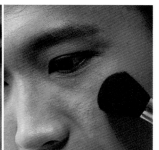

3 使用膚色或是白色的眼影，輕輕刷在眉骨上，增加眼睛的亮度

4 刷上褐色腮紅，增加臉部立體感

5 塗上一層透明護唇膏，選擇有防曬係數的更好

Tips

做好臉部的保濕，肌膚的光澤度才能出現，蜜粉不需刷得太厚，薄薄一層才能顯露出有光采的肌膚質感。

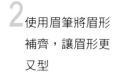

造型重點

　　輕鬆休閒的裝扮，T恤、背心、牛仔褲、休閒褲、五分褲，最能襯托出陽光型男的開朗豪邁氣質。顏色可以亮眼鮮豔，身材鍛鍊有加的人，也可以選擇能夠適當展現好身材的服裝。

髮型重點

　　以髮雕抓出些微線條感，保持自然原味的模樣即可。以清爽短髮的造型為佳，過長的頭髮會減掉幾分陽光氣質。

雅痞型男

● **造型前**

略為雜亂的眉毛

略為無神的眼睛

需要修整的鬍型

不均勻的膚色

彩妝重點

☑ 底妝沒有瑕疵，完美無瑕

☑ 精緻的眉型，有型的睫毛

☑ 晶亮潤澤的唇色

彩妝步驟

NUMERIC PRO OF PARIS
保濕粉底乳
/NT$2100

1 均勻塗抹上粉底液後，再使用蜜粉撲按壓一層蜜粉

NUMERIC PRO OF PARIS
絲帛二用粉餅
/NT$1680

4 使用深褐色或深磚紅的腮紅，由上往下刷在顴骨部位

2 將過長的眉毛修整之後，有缺的地方補上眉色

3 使用褐色的眼影打在眼窩上，再將睫毛夾翹

5 使用透明唇蜜塗抹在唇上

 Tips

如果不能適應唇蜜的油亮，可以使用衛生紙抿掉一層，留下帶點滋潤感的光澤即可。

造型重點

可以盡情表現自己特色的服裝都很適合，合身的、印花圖案的、亮眼色系的，不用受到搶限拘束，優雅古典、嘻哈運動各種不同的風格都能在你的細緻琢磨下做最好的表現。

髮型重點

可嘗試前衛一點的造型，混合使用髮泥、髮蠟或髮膠，在中長度具有層次的頭髮上，抓出立體有型的明顯線條。部份挑染更具有獨到特色。

Silver銀色彩妝
整體造型
設計總監
吳憶萌Evon

- FashionEZ造型秘笈光碟造型總監兼主持人
- 2006年第十六屆國際美容化妝品展指定表演彩妝造型指導老師
- 法國巴黎NUMERIC PRO OF國際彩妝造型藝術學院專修(擔任首席彩妝大師)
- 臺北醫學大學進修推廣部專業整體造型師課程講師
- "信義房屋"信義豪宅內部認證課程-個人專業造型諮詢課程講師
- 國立台灣大學彩妝研究社指導教師

會踏入彩妝造型這一行，最初的原因就是愛漂亮。因為身體裡存在著愛美細胞，即使所學的本科與美麗的行業相差十萬八千里，繞了一大圈，Evon還是轉到彩妝造型的領域裡。

問Evon是什麼原因讓她毫不猶豫的在這條路上堅持12年，「看到客人在造型師的巧手下，呈現各種不同的風貌，這種與美以及快樂為伍的工作，就是我想要的。」在這條路上，Evon更是經常問自己，什麼時候她才能在彩妝造型界，完成她的夢想，這樣的念頭支持她更有勇氣自信、更有企圖心，全心投入在每一次機會，完美的表現。

累積無數的經驗與肯定，Evon成立了工作室、婚紗公司，到現在的影像製作公司與彩妝整體造型學院，Evon目前最大的心願是將美麗繼續傳承下去，因此她不僅用心在整體造型彩妝的教學上，更首創動態視訊教學，藉由科技的發聲，讓學習美麗不再有距離，不管男人女人都能一起擁有美麗有型。

NUMERIC PRO OF法國巴黎專業彩妝品

本書中，Silver銀色彩妝整體造型設計總監Evon打造型男模特兒所使用的彩妝品，就是出自「NUMERIC PRO OF 法國巴黎專業彩妝品」的傑作。別有於一般專業彩妝，法國工作者特別針對數位影像呈現肌膚質感的需求所打造，不僅可以修飾瑕疵膚質，在數位燈光下又能表現自然透明的質感。這款接近完美等級的專業彩妝品，目前由Silver銀色彩妝整體造型設計有限公司代理，提供專業彩妝造型師呈現最完美妝容。

相關洽詢資訊

清潔彩妝保養品

AVEDA （02-2721-7909）
AVENE 法國雅漾（02-2748-9299）
BIOTHERM （02-8722-5517）
DHC （02-2769-3666）
Kiehl's （02-8101-6000）
L'Oreal Paris 巴黎萊雅 （02-8101-6000）
MAN-Q （02-2521-1338）
ORIGINS （02-2509-8950）
NUMERIC PRO OF PARIS （02-2708-5508）
SHISEIDO （02-2314-1731）
THE BODY SHOP（022528-6660）
UNO （02-2375-1666）
屈臣氏 （02-2742-1234）

服飾商品

Adidas （02-8768-3889）
Armani 飾品 （02-8773-9911）
AVIA （02-2578-3718）
BIG TRAIN （02-2219-5878）
CK 手錶（02-2546-2288）
DIESEL手錶飾品 （02-8773-9911）
DIESEL鞋子 （02-2516-8586）
DKNY 手錶飾品 （02-8773-9911）
LEE Cooper （02-2219-5878）
Levi's （02-2730-3500）
Levi's 鞋子（02-2516-8586）
ROCKPORT （02-2516-8587）
Swatch （02-2546-2288）
TSUBO （02-2516-8587）

內文諮詢

i skin盧靜怡皮膚專科院長盧靜怡醫師
（02-2751-2066）
Kiehl"s公關經理吳佳原（02-8101-6000）
BIOTHERM教育訓練講師陳怡文
（02-8722-5517）

MAN-Q 控油抗痘潔顏慕斯

適用於中.油性肌膚

含 Triclosan 殺菌成分、 Allantoin 及添加蘆薈萃取液、複合草本精華等溫和潔淨不刺激配方，清掃粉刺細菌，減少黑頭粉刺及毛孔阻塞，收斂肌膚毛孔，調理平衡油脂分泌，強化清潔、控油、收斂、抗痘一次完成。

豐富泡沫可深層潔淨讓毛孔自然呼吸，並能充當刮鬍泡。洗臉同時刮鬍使用超方便。

175ml / NT$320

深層潔淨
高效控油
殺菌抗痘
收斂毛孔
同時刮鬍

多重功效
一次完成

型男教戰手冊

作者　　　　瑟琳娜
攝影　　　　李東陽

發行人　　　林敬彬
主編　　　　楊安瑜
企劃編輯　　杜韻如
美術設計　　施心華

出版　　　　大都會文化事業有限公司　　行政院新聞局北市業字第89號
發行　　　　大都會文化事業有限公司
　　　　　　110台北市信義區基隆路一段432號4樓之9
　　　　　　讀者服務專線：（02）27235216
　　　　　　讀者服務傳真：（02）27235220
　　　　　　電子郵件信箱：metro@ms21.hinet.net
　　　　　　網址：www.metrobook.com.tw

郵政劃撥　　14050529　大都會文化事業有限公司
出版日期　　2006年09月初版一刷
定價　　　　250元
ISBN 10　　986-7651-85-5
ISBN 13　　978-986-7651-85-3
書號　　　　Fashion-07

First published in Taiwan in 2006 by
Metropolitan Culture Enterprise Co., Ltd.
4F-9, Double Hero Bldg., 432, Keelung Rd., Sec. 1,
Taipei 110, Taiwan
Tel: +886-2-2723-5216　Fax: +886-2-2723-5220
E-mail: metro@ms21.hinet.net
Website: www.metrobook.com.tw

國家圖書館出版品預行編目資料

MEN力四射：型男教戰手冊 ／
瑟琳娜著作；李東陽攝影
- 初版 - 臺北市：大都會文化, 2006〔民95〕
面：公分. - (Fashion; 7)
ISBN：978-986-7651-85-3(平裝)
1.皮膚 - 保養　2.髮型　3.衣飾
424.3　　　　　　　　95013927

廣　告　回　函
北 區 郵 政 管 理 局
登記證北台字第9125號
免　貼　郵　票

大 都 會 文 化 事 業 有 限 公 司
讀　者　服　務　部　　　收

1 1 0 台 北 市 基 隆 路 一 段 4 3 2 號 4 樓 之 9

寄回這張服務卡〔免貼郵票〕

您可以：

◎不定期收到最新出版訊息

◎可參加各廠商贊助的抽獎活動，得獎者將以E-Mail或書面通知

大都會文化　讀者服務卡

書名：MEN力四射　型男教戰手冊

謝謝您選擇了這本書！期待您的支持與建議，讓我們能有更多聯繫與互動的機會。日後您將可不定期收到本公司的新書資訊及特惠活動訊息。

A.您在何時購得本書：　　　年　　　月　　　日

B.您在何處購得本書：　　　　　書店，位於　　　　　（市、縣）

C.您從哪裡得知本書的消息：

1.□書店　2.□報章雜誌　3.□電台活動　4.□網路資訊　5.□書籤宣傳品等　6.□親友介紹　7.□書評　8.□其他

D.您購買本書的動機：（可複選）

1.□對主題或內容感興趣　2.□工作需要　3.□生活需要4.□自我進修　5.□內容為流行熱門話題　6.□其他

E.您最喜歡本書的：（可複選）1.□內容題材　2.□字體大小　3.□翻譯文筆　4.□封面　5.□編排方式　6.□其他

F.您認為本書的封面：1.□非常出色　2.□普通　3.□毫不起眼　4.□其他

G.您認為本書的編排：1.□非常出色　2.□普通　3.□毫不起眼　4.□其他

H.您通常以哪些方式購書：(可複選)1.□逛書店　2.□書展　3.□劃撥郵購　4.□團體訂購　5.□網路購書　6.□其他

I.您希望我們出版哪類書籍：（可複選）

1.□旅遊　2.□流行文化　3.□生活休閒　4.□美容保養　5.□散文小品　6.□科學新知　7.□藝術音樂　8.□致富理財　9.□工商企管

10.□科幻推理　11.□史哲類　12.□勵志傳記　13.□電影小說　14.□語言學習（＿＿＿語）　15.□幽默諧趣　16.□其他

J.您對本書(系)的建議：＿＿＿＿＿＿＿＿＿＿＿＿＿＿＿＿＿＿＿＿＿＿＿＿＿＿＿＿＿＿＿＿＿＿＿

K.您對本出版社的建議：＿＿＿＿＿＿＿＿＿＿＿＿＿＿＿＿＿＿＿＿＿＿＿＿＿＿＿＿＿＿＿＿＿

讀者小檔案

姓名：　　　　　　　性別：□男 □女　生日：　　年　　月　　日

年齡：1.□20歲以下 2.□21—30歲 3.□31—50歲 4.□51歲以上

職業：1.□學生 2.□軍公教 3.□大眾傳播 4.□服務業 5.□金融業 6.□製造業 7.□資訊業 8.□自由業 9.□家管 10.□退休 11.□其他

學歷：□國小或以下 □國中 □高中／高職 □大學／大專 □研究所以上

通訊地址：＿＿＿

電話：（H）＿＿＿＿＿＿＿＿＿＿＿＿（O）＿＿＿＿＿＿＿＿＿＿＿＿傳真：＿＿＿＿＿＿＿＿＿＿＿

行動電話：＿＿＿＿＿＿＿＿＿＿＿＿＿　E-Mail：＿＿＿＿＿＿＿＿＿＿＿＿＿＿＿＿＿＿＿＿＿＿＿

◎謝謝您購買本書，也歡迎您加入我們的會員，請上大都會文化網站 www.metrobook.com.tw 登錄您的資料，您將會不定期收到最新圖書優惠資訊及電子報。

大都會文化

大都會文化